从零到一学Office系列

从零到一学
Excel

WEEK WEEK UP! 一周进步编辑部 主编　　张博 邓丽泽 编著

电子工业出版社.
Publishing House of Electronics Industry
北京·BEIJING

内 容 简 介

本书旨在帮助从未系统学习过 Excel 的人快速掌握 Excel 的操作技巧。

为了满足初学者的学习需求，本书从基础内容讲起，并逐渐延伸到函数、数据透视表、可视化图表，以及数据分析。为了使本书内容更加实用，我们对 Excel 的知识点进行了精心筛选，只挑选了常用或容易出错的知识点进行讲解。

除了知识点介绍，本书每章都配有视频课程，并附赠 200 多套模板，以及专属的读者交流群。如需获取以上资源，可以搜索微信公众号：一周进步，关注后回复关键词"从零到一学 Excel"，按照提示领取。

最后，衷心希望本书能够成为你在 Excel 软件学习上的"领路人"。

图书在版编目（CIP）数据

从零到一学 Excel / 一周进步编辑部主编；张博，邓丽泽编著．—北京：电子工业出版社，2022.4

（从零到一学 Office 系列）

ISBN 978–7–121–43126–5

Ⅰ．①从… Ⅱ．①一… ②张… ③邓… Ⅲ．①表处理软件 Ⅳ．① TP391.13

中国版本图书馆 CIP 数据核字（2022）第 043723 号

责任编辑：张慧敏

印　　刷：天津千鹤文化传播有限公司

装　　订：天津千鹤文化传播有限公司

出版发行：电子工业出版社

　　　　　北京市海淀区万寿路 173 信箱　　邮编：100036

开　　本：880×1230　　1/32　　印张：8.75　　　字数：335 千字

版　　次：2022 年 4 月第 1 版

印　　次：2022 年 4 月第 1 次印刷

定　　价：69.00 元

凡所购买电子工业出版社图书有缺损问题，请向购买书店调换。若书店售缺，请与本社发行部联系，联系及邮购电话：（010）88254888，88258888。

质量投诉请发邮件至 zlts@phei.com.cn，盗版侵权举报请发邮件至 dbqq@phei.com.cn。

本书咨询联系方式：（010）51260888-819，faq@phei.com.cn。

丛书序

从创业开始，到如今第一套丛书出版，我们用了 5 年时间。

2016 年，微课兴起，我也很想参与进来，于是我在大学图书馆注册了一个微信公众号。在选择公众号名称时，我犹豫了很久，不知道是选择"周进步微课"，还是选择"一周进步人"。那时在实习阶段，公司领导和我说过一句话——公司名字取得抽象一点，能够"活"得久一点，于是我选择了"一周进步"这个名称。

为了运营这个微信公众号，我们几个大学生每天早上 5 点钟爬起来写文章，只是为了完成我们早上 7 点半必须发文的目标；还有一周一次的免费微课，我们整整坚持了两年时间，在此期间，我们还建立了免费的 Office 交流社群、免费的 Office 训练营。

5 年时间，我们撰写了超过 1000 篇优质 Office 图文干货，拍摄了超过 300 集 Office 教学视频，录制了超过 1000 小时的 Office 系统教学课程。

截至 2021 年 12 月，关注"一周进步"的用户在全网已经超过了 800 万人，你可以在任何新媒体上搜索"一周进步"关注我们，包括但不限于微信公众号、B 站、小红书、抖音、微博。我们的免费视频教程在 B 站的播放量已经超过 500 万次，还有超过 20 万名学员学习了我们的 Office 付费课程。

今天，我们终于可以大声告诉各位我们的初心——"一周进步"是一个垂直于 Office 教学的内容教育品牌，我们致力于改变大家对 Office 软件的看法，帮助大家通过 Office 来建立自己的职场竞争力。

我们发现，除了线上课程、图文干货、短视频外，图书能够更好地承载知识，所以，从 2021 年上半年开始，我们全力筹备撰写这套丛书——《从零到一学 Word》《从零到一学 Excel》《从零到一学 PPT》。

"从零到一"是一份责任，代表我们会帮助每一位 Office 小白，从零开始一步一步学会 Office 的操作，掌握职场高效工作技巧。

"从零到一"是一种象征，代表我们从零开始创业，一步一步做出今天的成绩。

"一"也代表一周进步的"一"，告诉我们，一路前行，有始有终，不忘初心。

"从零到一学 Office 系列"丛书终于要正式出版了。在这里，我们要特别感谢周瑜、大梦、柳绿、桃红、张博、丽诗等一周进步早期创始团队成员，感谢你们，让一颗小小的种子发芽壮大。

同时，特别感谢为本书出版立下汗马功劳的本书编写组成员张耀嘉、丽泽、蔡蔡三位小伙伴，没有你们，这套丛书也不会这么快和大家见面。

最后，还要感谢本书的读者，感谢你对我们的信任，购买并且阅读了本书，能够让我们有机会走到你的身边，我们也不会辜负你的期望。

珞珈

一周进步创始人　PPT 审美教练

前言

为什么写这本书

一提到数据或是数据分析，很多人第一个想到的是 Python。实际上，Excel 才是 10 万行数据量级下的主流数据处理工具。只不过，作为一款常用的 Office 软件，很多人对 Excel 的学习并不深入，甚至有些人把 Excel 当成了 Word 在用。

如果能灵活应用 Excel 函数与公式，就能轻松自如地实现批量数据的引用计算；如果能恰当选择 Excel 图表，就能用甘特图一目了然地展示项目进度。而这些操作都建立在正确使用 Excel 的基础之上。

因此，为了帮助更多人领略到 Excel 的魅力，更快速地解决数据处理难题，我们推出了《从零到一学 Excel》这本书。

本书最大的特点是汇集了大部分人在使用 Excel 时遇到的问题及困扰，并用极其简练的语言讲述解决办法，同时也配备了大量配图辅助理解。相信读者阅读本书之后能显著提升 Excel 的操作水平。本书内容全面，几乎包含了职场人一定要会的 Excel 知识，且知识难度从入门到进阶，相信通过这本书，你能够轻松学会 Excel，并在工作中灵活运用它。

本书适合谁

如果你是经常需要处理大量数据，却又不会使用 Excel 的人；如果你是对 Excel 一窍不通，却又想系统学习 Excel 的人；又或者你是想要抽空学习，却没有足够时间的人，这本书都非常适合你。

本书讲了什么

在第 1 章，我们会带你重新了解这个强大的数据处理工具，并用接下来的两章引领你步入 Excel 的大门，了解数据验证、条件格式、分类汇总、Power Query 等。

从第 4 章开始提升难度，将带你认识常见的 6 大类 Excel 函数，并选取其中重要的函数详细讲解。

第 5 ~ 8 章是进阶部分，你会逐渐领略到数据透视表、可视化图表、数据分析的常用方法，以及宏与 VBA 编程语言的应用。

作为一本办公类工具书，你可以抽时间细细品读，也可以放在案头作为一本"新华字典"，遇到问题时随时翻阅，查找相关知识。

同时，为了避免内容讲解枯燥，本书会结合实际的案例场景，告诉你这些 Excel 功能在实际情况下应该如何使用。

本书附赠资源

- 24 节视频课程；
- 4000 多个数据表格模板；
- 200 多个数据图表模板。

以上资源，你可以通过关注微信公众号"一周进步"，并在对话框中回复关键词"从零到一学 Excel"，然后联系客服领取这份厚重的大礼包。

如果你看完本书后对 Excel 还有疑问，也欢迎在微信公众号"一周进步"中与我们进行更多的沟通和交流。

最后，特别感谢在本书编写过程中，对这本书提供支持与帮助的雪玲、越己、张博、耀嘉、丽诗、丽泽等人。

由于时间仓促，书中难免有疏漏和不妥之处，恳请广大读者不吝批评、指正。

作者邮箱：denglize@oneweek.me。

作　者

目录

139   第 4 章   函数与公式：带你开启 Excel 新世界的大门

246　第 8 章　宏与 VBA：用程序员的方式打开 Excel

第 1 章

重新认识 Excel：一起探索 Excel 的奥秘

1.1　新建 Excel 工作簿

要在 Excel 中进行各种数据处理，首先是新建 Excel 工作簿。Excel 提供了多种新建工作簿的方法，总有一种适合你。

1.1.1　新建空白 Excel 工作簿

（1）启动电脑中的 Excel，单击【文件】选项卡，看到 Microsoft Office Backstage 视图。

（2）在 Microsoft Office Backstage 视图中的【开始】界面，单击【空白工作簿】（见图 1-1）。

（3）Excel 会创建一个命名为"工作簿 1"的空白工作簿。

图 1-1　新建工作簿

💡 **小贴士** 另一种新建空白工作簿的方法

除了从【开始】界面建立空白工作簿，用户还可以在【新建】界面中单击【空白工作簿】创建 Excel 工作簿（见图 1-2）。

图 1-2　新建工作簿

同样，Excel 会创建一个命名为"工作簿 1"的空白工作簿。

1.1.2　创建带有模板的 Excel 工作簿

启动 Excel 后，在【新建】界面中不仅可以创建【空白工作簿】，还可以在下方联机模板中搜索适合不同需求场景的工作簿模板（见图 1-3）。

当然，这一操作需要在网络连接的情况下进行。

图 1-3　搜索联机模板

1.1.3 利用快捷键创建 Excel 工作簿

（1）打开任意一个创建好的工作簿。

（2）单击快速访问工具栏中的【新建】命令，即可创建新工作簿。

 小贴士

将鼠标光标悬停在【新建】图标上，可以看到新建工作簿的快捷键为【Ctrl+N】（见图 1-4）。

图 1-4　用快捷键创建新工作簿

1.1.4 将 Excel 工作簿创建在指定位置

（1）选择想要存储 Excel 工作簿的文件夹，例如要把 Excel 工作簿创建在"图片"文件夹中。

（2）在"图片"文件夹的空白处，单击鼠标右键，在弹出的快捷菜单中选择【新建—Microsoft Excel 工作表】命令，Excel 工作簿就创建完成了（见图 1-5）。

图 1-5　鼠标右击创建工作簿

1.2　打开 Excel 工作簿

在日常工作中，有多种方法可以打开工作簿。接下来，介绍两个快速打开 Excel 工作簿的方法。

1.2.1　方法一：右键单击法

（1）找到电脑中的 Excel 图标，鼠标右键单击图标，在弹出的快捷菜单中选择【属性】命令。弹出【Excel 属性】对话框（见图 1-6）。

图 1-6　【Excel 属性】对话框

💡 **小贴士**

这里指的是 Excel 软件的图标，而不是任一具体的 Excel 工作簿的图标。

（2）在【Excel 属性】对话框的【快捷方式】选项卡中找到【快捷键】，【快捷键】初始默认值为无。

（3）在【快捷键】输入框中输入自定义的快捷键。

小贴士

Excel 默认快捷键由【Ctrl+Alt+ 用户自定义按键】组成，比如，笔者想将快捷键设置为【Ctrl+Alt+1】，那么直接在【快捷键】输入框中输入"1"即可，Excel 会自动识别成【Ctrl+Alt+1】（见图 1-7）。

图 1-7　快捷键设置成功

（4）设置完成后，单击【应用】按钮，即可进行保存，然后单击【确定】按钮关闭窗口。

现在我们只需要在键盘上按下【Ctrl+Alt+1】（用户设置的快捷键），Excel 即可启动。

1.2.2　方法二：快捷键法

（1）按住键盘上的快捷键【WIN+R】，打开【运行】对话框。

（2）在【运行】对话框中输入 "Excel"（注意，"Excel" 大小写均可），随后按下【Enter】键或单击【确定】按钮即可运行（见图 1-8）。

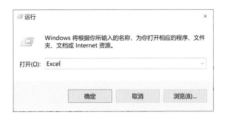

图 1-8　通过【运行】对话框打开 Excel

1.3　认识 Excel 界面功能

要想学好 Excel，最基础但也是最重要的一个部分，就是了解软件。所谓 "知己知彼，百战不殆"，熟悉 Excel 中的各个界面能够帮助我们快速定位功能，或者精准锁定问题获得帮助，避免因为对软件的不了解而花费大量时间搜索，耗时耗力。

本节从基本的 Excel 界面开始介绍，带你快速熟悉这个高效办公软件。

1.3.1　工作表界面

打开任意一个 Excel 工作簿，都会出现如图 1-9 所示的界面，即 Excel 的工作表界面。

图 1-9　Excel 的工作表界面

　　Excel 的工作表界面主要由快速访问工具栏、功能区和选项卡、名称框和编辑栏、工作表区、状态栏 5 个部分组成。

　　下面逐一介绍这 5 个部分。

1.3.2　快速访问工具栏

　　很多读者会忽略快速访问工具栏这个功能。

　　在 Excel 中，如果需要选择不同的命令，则需要单击不同的选项卡找到命令并应用。

　　这个"不起眼"的功能最优秀的地方在于，几乎 Excel 中的所有命令都可以添加到快速访问工具栏。而设置好的命令，不管处于哪个选项卡之下，都可以直接在快速访问工具栏中进行选择，节省了在不同选项卡之间重复切换跳转的时间。

　　例如，设置下框线的功能经常使用，我们可以在【开始】选项卡的【字体】组中，鼠标右击下框线图标，在弹出的快捷菜单中选择【添加到快速访问工具栏】命令。之后在设置下框线时，只需要单击已经添加到快速访问工具栏中的【边框】命令即可完成操作，不需要再切换回到【开始】选项卡（见图 1-10）。

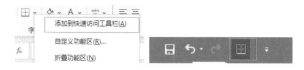

图 1-10　添加命令至快速访问工具栏

有关快速访问工具栏的创建、修改等内容，1.5.2 节会进行详细的讲解。

1.3.3　功能区和选项卡

功能区是 Excel 软件中一个很重要的组成部分，绝大部分的命令在功能区中都可以找到。

功能区由一组选项卡组成，而每组选项卡中又存在多个组，包含多个关系密切的命令。如【开始】选项卡中大多是关于单元格格式设置的命令，【对齐方式】组中又包含了【左对齐】、【右对齐】等多个命令（见图 1-11）。

图 1-11　【开始】选项卡

功能区和选项卡还可以进行隐藏，以便将视线聚焦到工作表区，减少其他因素的干扰。

单击功能区右侧的向上箭头即可隐藏（见图 1-12），或是单击右上角的【功能区显示选项】图标，在弹出的下拉菜单中选择相应选项使工作表的内容能够在最大范围内展示。

图 1-12　折叠功能区和选项卡

功能区被隐藏后，想要重新调出被隐藏的命令组，只需要双击任意一个选项卡名称即可。

如果选项卡也同时被隐藏了，则需要通过单击右上角的【功能区显示选项】图标，在弹出的下拉菜单中选择【显示选项卡和命令】命令（见图 1-13）。

图 1-13　显示功能区和选项卡

1.3.4　名称框和编辑栏

当鼠标选中任意一个单元格时，名称框里都会显示出当前单元格的名称，即单元格所在行列，因此也可以在名称框中输入行列序号以快速跳转至不同单元格。

编辑栏中显示的内容为当前选中单元格的真实内容，例如，在对数据进行求和时，单元格中显示的是求和计算之后的结果，而编辑栏则会将数字后的"真实面目"呈现出来，也就是你实际输入的公式（见图 1-14）。

图 1-14　名称框和编辑栏

1.3.5　工作表区

工作表区包含行标题、列标题、单元格和滚动条。

单元格是最主要的组成部分，也是主要操作区，用于存放数据。

行标和列标的交叉就是单元格的位置，Excel 中所有的单元格都一定有对应的行号和列号。如 D2 单元格表示列号为 D，行号为 2（见图 1-15）。

图 1-15　工作表区

1.3.6　状态栏

Excel 的状态栏包含普通、页面布局和分页预览 3 个视图。

软件默认的视图为"普通"视图，也是默认和最常使用的视图；在"页面布局"视图下，可以直接为页面添加页眉、页脚；"分页预览"视图可以通过拖动选择单页包含的单元格范围，通常用于打印时调整页面大小（见图 1-16）。

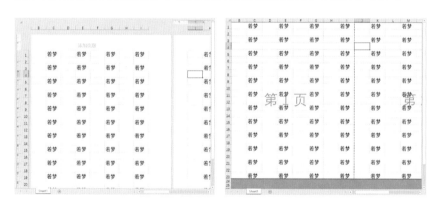

图 1-16　"页面布局"视图与"分页预览"视图

1.4　熟悉 Excel 的选项卡功能

Excel 中的各个命令基本上都分门别类地归置在不同选项卡之下，日常使用时根据不同命令的作用在对应选项卡之下选择应用即可（见图 1-17）。

图 1-17　【开始】选项卡及其功能命令

1.4.1　选项卡介绍

Excel 中最常使用的选项卡有 9 个，了解各个选项卡的功能和作用，可以方便我们在众多功能之中快速锁定（见表 1–1）。

表 1–1

选项卡	功能和作用
开始	Excel 中最常使用的命令。 有关剪贴板、字体、对齐方式、数字、样式、单元格、编辑等的基本操作都可以在该选项卡下找到对应的功能按钮或菜单命令
插入	主要包括插入 Excel 对象的操作。 如插入透视表、加载项、插图、图表、三维地图、迷你图、文本框、筛选器、外部链接等对象
绘图	Excel 2019 新增了可定制的便携式触控笔，此功能主要用来突出显示重要内容、绘图、将墨迹转换为形状或进行数学运算。 若初始化界面没有【绘图】选项卡，则可在自定义功能区中调出
页面布局	帮助我们设置 Excel 表格页面样式。 如主题设置、页面设置、调整为合适大小、工作表选项及图形对象排列位置的设置等
公式	主要用于在 Excel 表格中进行各种公式计算。 包括函数库、定义的名称、公式审核、计算等选项
数据	在 Excel 表格中进行数据处理和分析的操作。 如获取外部数据、跨多个源查找和连接数据、数据的排序和筛选、数据工具、预测、分级显示等功能
审阅	对 Excel 表格的内容进行校对和修订等操作。 包括校对、中文简繁转换、辅助检查、翻译、批注、保护、墨迹等功能
视图	调整 Excel 表格窗口的视图类型。 主要包含切换工作簿视图、显示、缩放、窗口的相关操作、宏等功能

续表

选项卡	功能和作用
开发工具	Excel 默认情况下不显示【开发工具】选项卡，需要用户在自定义功能区中手动调出。此功能主要用于执行或使用以下操作：宏相关操作、添加相关加载项（如 Power Map、Power Pivot）、调用相关控件、使用 XML 命令等
帮助	帮助用户熟悉 Excel 常见操作，同时收集用户反馈

1.4.2　上下文选项卡

Excel 中还有一些并非固定出现的选项卡，只有在选中了相应的操作对象时才会出现，这些选项卡被称为上下文选项卡或智能选项卡。

比如，插入的形状被选中时会出现【形状格式】选项卡（见图 1-18）。

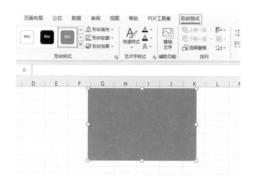

图 1-18　上下文选项卡

这是因为 Excel 中有非常丰富的功能命令，一旦全部陈列在页面中，不仅不便于选择，还会造成排版和视觉上的混乱，因此部分选项卡会被隐藏起来。

在 Excel 中，上下文选项卡通常和图片、形状、表格、图表、数据透视表对象相关，与之相对应的有【图片格式】选项卡、【绘图工具】选项卡等，不同版本的选型卡名称与结构存在稍许差异。

1.4.3　显示和隐藏选项卡

如果认真查看选项卡的基础知识介绍，读者可能会发现自己的选项卡与示例图片有所差异。Excel 为我们展示的是最常用到的选项卡，而如【开发工具】选项卡则可能并不显示。

单击【文件—选项】命令，在弹出的【Excel 选项】对话框中选择【自定义功能区】标签，在【自定义功能区】的【主选项卡】下，勾选所有未打钩的复选框，再单击【确定】按钮，就可以调出所有选项卡。取消勾选相应的复选框，则使其不再出现在选项卡和功能区中（见图 1-19）。

图 1-19　显示和隐藏选项卡

1.5　定制 Excel 界面

有的读者虽然能够熟练应用 Excel 中的高阶操作，比如数据透视表和函数，却在 Excel 小功能的应用上不尽如人意。

归根结底，在于很多人学习 Excel 的时候，往往只关注 Excel 的"进阶"操作，反而忽略了很多简单但能够帮助我们提高效率的功能。

如何通过简单的设置帮助我们优化 Excel 的使用？今天就带大家根据自己的操作习惯定制专属于自己的 Excel 界面。

1.5.1　定制专属的快速访问工具栏

打开 Excel，在原始界面中可以看到在工作表名称左侧会有几个小小的命令，从左到右分别代表保存、撤销和恢复，这就是快速访问工具栏（见图 1-20）。

图 1-20　快速访问工具栏

1. 快速访问工具栏的用途是什么？

当我们切换选项卡时，会发现无论选择哪个选项卡，快速访问工具栏的位置都始终保持不变。因此，我们可以将常用的操作命令添加到快速访问工具栏中，再操作时就不需要重复切换选项卡了，只需要单击快速访问工具栏中相应的命令就可以完成操作。

2. 如何添加新命令到快速访问工具栏？

在处理表格时，添加框线是一个常用操作，因此可以单击【开始】选项卡【边框】组中的 ⊞ 图标旁边的箭头，在弹出的下拉菜单中右键单击【所有框线】命令，在弹出的快捷菜单中选择【添加到快速访问工具栏】命令，这样【所有框线】命令就在快速访问工具栏中显示了（见图 1-21）。

图 1-21　添加命令至快速访问工具栏

按照上面的方法，所有工作中的常用操作命令都可以被添加到快速访问工具栏中，这样无论我们在哪个选项卡下，都可以快速选择命令。

3. 如何删除快速访问工具栏中的命令？

在快速访问工具栏中右键单击相应的命令，在弹出的快捷菜单中选择【从快速访问工具栏删除】命令（见图 1-22）。

图 1-22　从快速访问工具栏删除命令

💡 **小贴士**

当我们单击快速访问工具栏的向下箭头时，在下拉菜单中会发现已经有很多命令，这些是默认的常用功能，只需要单击相应的命令，就可以直接将其添加到快速访问工具栏（见图 1-23）。

图 1-23　展开快速访问工具栏

4. 一次性添加或删除快速访问工具栏中的多个命令。

选择【自定义快速访问工具栏】下拉菜单中的【其他命令】，打开【Excel

选项】对话框，选择【快速访问工具栏】标签，通过【添加】、【删除】按钮来一次性添加或删除快速访问工具栏中的命令（见图 1-24）。

❶单击【其他命令】　　　　　　❷选中命令后单击【添加】/【删除】

图 1-24　在【Excel 选项】对话框中添加更多命令

★ 小技巧

快速访问工具栏设置完毕之后，还有一个操作值得注意。

快速访问工具栏的默认设置位于选项卡上方，如果想把快速访问工具栏移到选项卡的下方，那怎么办呢？

鼠标右键单击【快速访问工具栏】，在弹出的快捷菜单中选择【在功能区下方显示快速访问工具栏】命令，如图 1-25 所示。

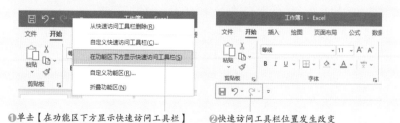

❶单击【在功能区下方显示快速访问工具栏】　　❷快速访问工具栏位置发生改变

图 1-25　修改快速访问工具栏位置

★ 小技巧

如果换了电脑，就只能重新设置快速访问工具栏吗？其实，只需要再次打开【Excel 选项】对话框中的【快速访问工具栏】标签，单击【导入 / 导出】按钮就可以保存和导入，避免在不同的电脑中重复设置（见图 1-26）。

图 1-26 【导入 / 导出】快速访问工具栏

1.5.2 打造一份效率翻倍的选项卡

除了将命令添加到快捷访问工具栏，又或者如果快速访问工具栏已经不足以支撑添加新的命令，那有没有其他快捷方式找到常用的功能呢？

除了自定义快速访问工具栏，还可以打造一份与众不同的选项卡，将所有常用的命令添加进去，比如创建【西萌专用】选项卡。

鼠标右键单击任意一个选项卡，在弹出的快捷菜单中单击【自定义功能区】命令（见图 1-27）。

图 1-27 单击【自定义功能区】命令

弹出【Excel 选项】对话框，选择【自定义功能区】标签，单击右侧的【新建选项卡】按钮，Excel 会自动创建一个选项卡和组。如【开始】选项卡和其下的【字体】组，如果想要修改选项卡的位置，则只需要按住鼠标左键拖动。

完成以上选项卡的雏形，单击【重命名】按钮可以对新建的选项卡和组进行重命名，方便快速选择命令（见图 1-28）。

图 1-28　创建新选项卡

单击要添加命令的组，就可以将左侧的命令添加到相应的组中了。如果需要调整，则只需选择要删除的选项卡 / 组 / 命令后，单击【添加】/【删除】按钮即可（见图 1-29）。

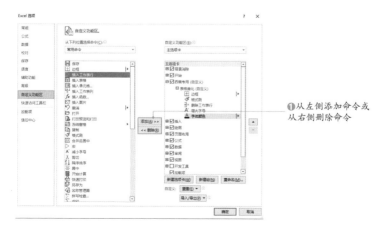

图 1-29　添加或删除

按照以上步骤操作，就可以拥有我们自己的选项卡（见图 1-30）。

图 1-30　创建个人选项卡完成

1.6　使用 Excel 工作簿

工作簿和工作表虽然只有一字之差，但二者并不是同一个概念。

1.6.1　区分 Excel 工作表和工作簿

工作时我们经常需要处理各式各样的 Excel 文件，每一个独立的 Excel 文件就是一个工作簿。而一份工作簿中包含的一张张数据表格，则被称为工作表。一个工作簿就是工作表的合集，可以新建并存储多个工作表（见图 1-31）。

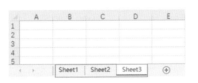

图 1-31　工作簿和工作表

1.6.2　切换 Excel 工作簿

在打开多个工作簿的情况下，怎样才能快速切换到不同的工作簿呢？很多读者的方式可能是用鼠标单击电脑任务栏中的 Excel 图标，再根据工作簿名字进行选择。

通过鼠标进行选择的方式可以达到目的，但不是最便捷的方法。

在多个工作簿同时打开的情况下，单击【视图】选项卡【窗口】组中的【切换窗口】命令，就可以看到所有已经打开的 Excel 工作簿，根据文件名称直接选择对应的工作簿即可（见图 1-32）。

实现切换工作簿界面还有更加快捷的方法，只要同时按住键盘上的【Ctrl+Tab】键。

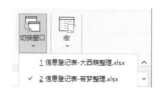

图 1-32　切换窗口

1.6.3　并排多个 Excel 工作簿

在处理数据时，常常需要同时打开多个 Excel 工作簿，并且在不同的工作簿之间核对和区分信息。

虽然通过快捷键【Ctrl+Tab】可以快速完成工作簿之间的切换，但是重复跳转可能导致失误和降低效率，要是 Excel 也可以分屏查看就好了……事实上，这个需求 Excel 早已满足我们了。

在同时打开两个 Excel 工作簿的情况下，单击【视图】选项卡【窗口】组中的【并排查看】命令，就可以同时浏览两个工作簿的内容（见图 1-33 和图1-34）。

图 1-33　【并排查看】命令

图 1-34　并排查看效果

不过，有些读者选择【并排查看】命令后，Excel 工作簿呈现的是上下分屏"水平并排"的界面，不仅不符合阅读习惯，而且界面中呈现的内容也相对有限（见图 1-35 ）。

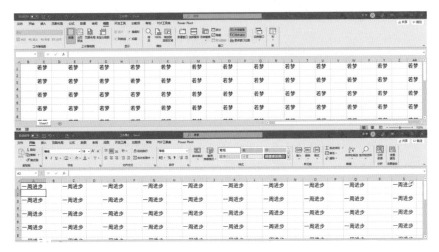

图 1-35　水平并排窗口

这时，只要在【窗口】组中单击【全部重排】命令，在弹出的【重排窗口】对话框中选择【垂直并排】单选项，即可调整工作簿的呈现方式，使其左右并排展示（见图 1-36 ）。

一旦同时打开了两个以上的工作簿，单击【并排查看】命令时会弹出【并排比较】对话框，需要在对话框中选择进行比较的工作簿再单击【确定】按钮（见图 1-37 ）。

图 1-36　修改窗口并排方式　　　　图 1-37　打开多个工作簿时的并排查看

1.6.4　并排多个 Excel 工作表

如果需要对比的数据存储在同一个工作簿中，是否也能够通过并排查看的方式对比呢？当然可以。

单击【视图】选项卡【窗口】组中的【新建窗口】命令，即可为当前 Excel 工作簿创建影子工作簿，然后返回【视图】选项卡中单击【并排查看】命令，就可以同时对比数据（见图 1-38）。

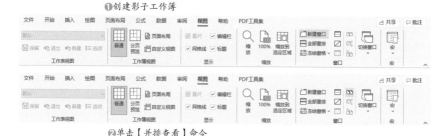

图 1-38　创建影子工作簿

在并排查看文件时，Excel 会默认当前需要进行同步滚动操作，即滚动鼠标时两个文档页面会发生一致的变化。如果需要改变两个页面的查看方式，则单击【同步滚动】命令取消（见图 1-39）。

图 1-39　打开或关闭同步滚动

1.6.5　修改 Excel 工作簿相关信息

在 Excel 中，处理数据后就可以"功成身退"了吗？其实可能还漏掉了一些重要的信息设置。比如，怎么让收到文件的人了解我们的个人信息呢？这就需要在保存时提前为文件"署名"。

单击【文件—另存为】命令，调出【另存为】界面，依次单击【这台电脑】、【更多选项】命令，弹出【另存为】对话框，选择保存路径、修改文件名，单击左下角的【隐藏文件夹】（见图 1-40）。

在【保存类型】选项下方可以修改作者、标题、标记、主题等信息（见

图 1-41）。确保收到文件的人能够一目了然。

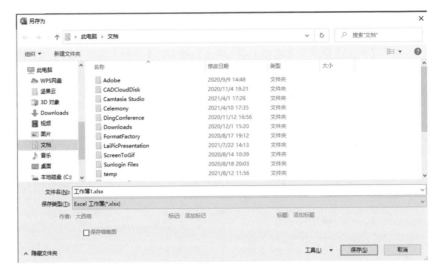

图 1-40　【另存为】对话框

图 1-41　保存个人信息

1.6.6　加密 Excel 工作簿

在使用 Excel 的过程中，数据安全是不能忽视的大问题。为此，Excel 提供了保护工作簿和工作表的方式。比如，我们可以对整个 Excel 工作簿进行加密，如果没有密码就无法打开 Excel 工作簿。

具体操作如下。

（1）在 Excel 工作簿界面，单击【文件】选项。

（2）选择左侧的【另存为】命令，依次单击【这台电脑】、【更多选项】命令，弹出【另存为】界面。

（3）在【保存】按钮的左侧，单击【工具】按钮右边的向下箭头，出现下拉菜单。

（4）选择【常规选项】命令（见图 1-42）。

图 1-42　常规选项

（5）弹出【常规选项】对话框，设置相应的打开权限密码。此处我们将密码设置成"oneweek"，然后单击【确定】按钮（见图 1-43）。

（6）这时，Excel 需要再次确认所设置的密码，弹出【确认密码】对话框，再次输入密码，单击【确定】按钮，如果两次输入内容一致，则完成密码设置（见图 1-44）。

图 1-43　设置相应的权限密码

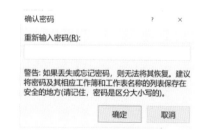

图 1-44　再次确认所设置的密码

1.6.7　打开有密码的 Excel 工作簿

设置好 Excel 工作簿的密码之后，并不会立即要求我们输入密码。

当我们关闭 Excel 工作簿后再次打开时，就会发现需要输入密码才能够查看具体数据（见图 1-45）。

图 1-45　输入密码

💡 **小贴士**

密码大小写必须一致，如果我们输入"Oneweek"，系统就会提示"您所提供的密码不正确"（见图 1-46）。

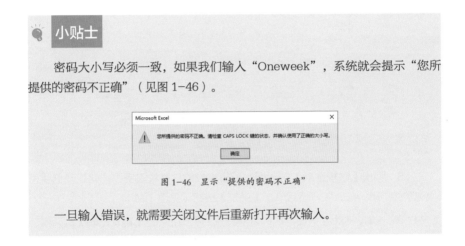

图 1-46　显示"提供的密码不正确"

一旦输入错误，就需要关闭文件后重新打开再次输入。

1.6.8　保护 Excel 工作簿

如果文件的保密程度较低，数据内容可公开查看，则可以设置成只能查看但不能修改。

在工作簿公开前，选择【审阅】选项卡【保护】组中的【保护工作簿】命令，在弹出的【保护结构和窗口】对话框中勾选【结构】复选框，并设置密码，在确保密码不泄露的前提下，可以防止其他用户对工作簿的结构进行更改（见图 1-47）。

新建、移动、删除工作表等
命令为灰色不可选择状态

图 1-47　保护工作簿结构

　　更多保护工作簿的方式，可以选择【文件—信息—保护工作簿】命令，在下拉菜单中选择相应的方式（见图 1-48）。

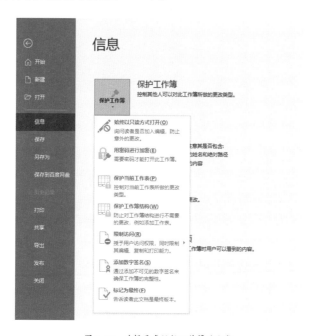

图 1-48　选择更多保护工作簿的方式

　　提前设置对工作簿的保护，让数据多一重"保护衣"，可以防止因失误操作而发生不必要的损失。

1.7 设置 Excel 工作簿

1.7.1 重命名 Excel 工作表

规范工作表命名，能够帮助我们区分工作表中的数据内容，避免数据混乱。在工作表页面双击工作表标签（即工作表名称）即可修改名称，或者鼠标右键单击工作表标签，在弹出的快捷菜单中选择【重命名】命令，为当前工作表修改名称，输入正确的名称后按下【Enter】键即可（见图 1-49）。

图 1-49　工作表重命名

1.7.2 切换 Excel 工作表

只需要用鼠标单击不同的工作表标签即可完成在不同工作表之间切换。

如果当前文件中的工作表数量较多，有什么方式可以快速又精准地选择其中某个工作表呢？除了拖动滚动条浏览选择，还可以用鼠标右键单击工作表标签旁的箭头，弹出【激活】对话框，在【活动文档】下，文件中存在的工作表一目了然，直接选择对应的工作表后单击【确定】按钮（见图 1-50）。

图 1-50　工作表切换

1.7.3　新建 Excel 工作表

在 Excel 底部状态栏中单击 ⊕ 图标即可新建工作表，或者在【开始】选项卡的【单元格】组中选择【插入工作表】命令。除此之外，快捷键【Shift+F11】也可以创建新工作表（见图 1-51）。

图 1-51　创建新工作表

1.7.4　删除 Excel 工作表

鼠标右键单击目标工作表标签，在弹出的快捷菜单中选择【删除】命令或者按住键盘上的【D】键，当前工作表就会被删除（见图 1-52）。

图 1-52　删除工作表

1.7.5　移动 Excel 工作表

不管是移动还是复制当前工作表，都可以在工作表标签处单击鼠标右键，在弹出的快捷菜单中选择【移动或复制】命令，弹出【移动或复制工作表】对话框，将工作表移到指定位置（见图 1-53）。

图 1-53　移动或复制工作表

如果希望移动后在当前位置仍然保留工作表，则勾选【建立副本】复选框。不过，只有在目标工作簿打开的情况下，才可以进行跨表移动 / 复制。

在同一个工作簿或者多个工作簿并排查看时，单击工作表标签后长按鼠标直接拖曳也可以修改工作表位置，在拖动的同时按住【Ctrl】键，Excel 就会自动创建副本。

1.7.6　隐藏 / 取消隐藏 Excel 工作表

如果新建的工作表数据不能删除，但又不希望被其他同事查看，可以用鼠标右键单击工作表标签，在弹出的快捷菜单中选择【隐藏】命令，即可隐藏选中的工作表（见图 1-54）。

图 1-54　隐藏工作表

　　然后，鼠标右键单击工作表标签，在弹出的快捷菜单中选择【取消隐藏】命令，就可以直接查看被隐藏的工作表。

　　如果不希望他人能够直接取消隐藏工作表的设置，则可以结合 1.7.7 节的知识点，先隐藏工作表再设置保护工作表。

1.7.7　保护 Excel 工作表

　　想要使工作表的内容同样也不被破坏，还需要我们对工作表的内容再次设置保护，通过限制其他用户编辑来保护内容。

　　单击【审阅】选项卡中的【保护工作表】命令，或者在工作表标签处单击鼠标右键，在弹出的快捷菜单中选择【保护工作表】命令。在弹出的【保护工作表】对话框中选择允许其他人进行修改的范围，勾选相应复选框后再设置密码，并单击【确定】按钮（见图 1-55）。

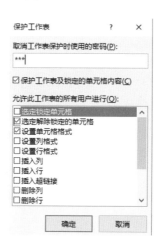

图 1-55　设置密码

　　设置完成后，尽管其他人也可以看到工作表内容，却无法编辑修改（见图1-56）。

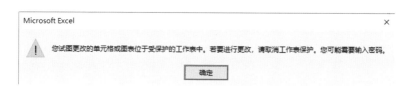

图 1-56　无法修改提醒

但是，分发出去的文件在被保护的同时又需要其他人来协助填写怎么办？

不用着急，选择需要编辑的单元格区域，单击鼠标右键，在弹出的快捷菜单中选择【设置单元格格式】命令（快捷键【Ctrl+1】），弹出【设置单元格格式】对话框，在【保护】标签下取消勾选【锁定】复选框，这部分区域就被解锁了（见图 1-57）。

图 1-57　取消勾选锁定

⭐ **小技巧**

Excel 默认所有单元格为"锁定"状态，解锁后设置保护工作表时，在【保护工作表】对话框中勾选【选定解除锁定的单元格】复选框，就可以进行编辑，否则工作表中所有内容都无法被选中及修改。

勾选【隐藏】复选框后，输入的公式在单元格或编辑栏中均不可见，只能看到最终的单元格值。

1.8　保存 Excel 工作簿

随着数据越来越重要，数据安全问题变得不容忽视。在工作中，难免有一些隐私数据，那应该如何避免数据被泄露呢？

其实，Excel 就能帮到你。

不过，在介绍如何保护隐私数据之前，我们还是先从简单的文件保存开始讲起。

1.8.1　保存新建的 Excel 工作簿

（1）选择 Excel 工作簿中的【文件—另存为】命令。

如果是没有保存过的 Excel 工作簿，也可以选择【保存】命令。Excel 将自动跳转至【另存为】界面。

（2）单击【浏览】按钮，选择想要保存的位置。

（3）为要保存的 Excel 工作簿命名。

此处，我们将 Excel 工作簿命名为"保存的 Excel 工作簿"，然后选择保存位置为"桌面"。

（4）单击【保存】按钮（见图 1-58）。

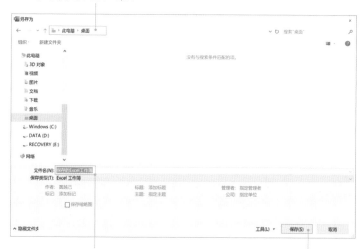

图 1-58　对工作簿进行命名

1.8.2　保存已有的 Excel 工作簿

1.　将工作簿保存在原有位置

直接单击快速访问工具栏中的【保存】命令，或使用快捷键【Ctrl+S】（见图 1-59）。

图 1-59　快捷键保存工作簿

2.　想保存同一份工作簿的多次修改版本

有时候，我们在修改工作簿之后，希望能够将每次修改的版本都进行保存。这样能够保证出现问题后不会返工。

这就要求我们在进行工作簿保存时，不能再选择【保存】命令，而是要选择【另存为】命令。

具体操作也很简单。

选择 Excel 工作簿中的【文件—另存为】命令，在弹出的【另存为】界面设置保存的位置和文件名，最后单击【保存】按钮。

1.8.3　自动保存 Excel 工作簿

在 Excel 中，为防止重要内容丢失，可以设置自动保存，这样，每隔一段时间，Excel 就会自动进行保存。

如果电脑突然断电，也不用担心之前的工作会功亏一篑了。

（1）在 Excel 工作簿界面，选择【文件—选项】命令。

（2）弹出【Excel 选项】对话框，单击【保存】标签。

（3）在【保存】界面中，勾选【保存自动恢复信息时间间隔】复选框，可以设置自动保存的时间间隔，比如现在的自动保存时间间隔为 10 分钟（见图 1-60）。

❶ 选择【保存】　　❷ 勾选【保存自动恢复信息时间间隔】复选框

❸ 单击【确定】按钮

图 1-60　设置自动保存的时间间隔

我们还可以设置 Excel 工作簿自动保存的位置。

还是在【保存】界面，找到【自动恢复文件位置】，然后修改为想要保存的位置即可。

（4）设置完成后，单击【确定】按钮。

第 2 章

数据录入与显示：让你的工作事半功倍

2.1　批量录入数据的秘籍：填充

2.1.1　快速填充重复内容

当领导要求你在一个区域中输入相同的内容时，有什么便捷的操作方法可以完成呢？笔者曾经亲眼看见过办公室的实习生一个劲地复制、粘贴数据，完成之后虽然抱怨这个操作有些累，但还是为自己掌握了复制、粘贴的快捷键操作而扬扬自得。

如果你在看到上面的问题时，首选第一反应也是"复制粘贴"，那很庆幸，你看到了这里。利用好 Excel 的快速填充功能，原本 5 分钟的工作量也许不到 10 秒就可以搞定了。

在需要输入重复信息的第一个单元格中键入内容，随后将鼠标光标移至该单元格右下角，当鼠标光标变成黑色十字后（即填充柄），按住鼠标左键并拖动，使选框覆盖需要重复填充的部分即可。如果拖动后填充的内容是序列而非原单元格数值，即可单击右下角【自动填充选项】图标，在下拉菜单中选择【复制单元格】单选项（见图 2-1）。

图 2-1　拖动填充

拖动填充的劣势在于只能拖动同一行或同一列，具有一定的局限性。

需要在多行多列中填写相同内容时，则只需要选择需要重复填写的区域，随后输入需要重复填写的内容，按下快捷键【Ctrl+Enter】，所选区域立刻完成批量填充（见图 2-2）。

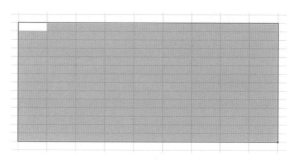

图 2-2 选择连续区域

如果区域中的部分单元格需要跳过填充，则在选择数据区域后，按住【Ctrl】键的同时用鼠标单击或连续拖曳单元格，再按下快捷键【Ctrl+Enter】，填充时将会自动跳过这部分单元格（见图 2-3）。

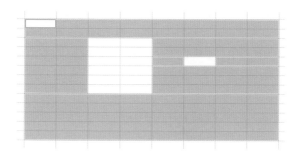

图 2-3 选择不连续区域

2.1.2　快速填写 1~1000 序列

除了可以快速批量填充相同内容，Excel 还可以自动填充有规律的数据（如等差序列、等比序列、日期）。

输入序列的前两项，将鼠标光标悬浮于单元格右下角，在鼠标光标转变为填充柄时长按左键进行拖曳，Excel 会自动根据前两项数据中存在的规律依次填入。但是遇到较长的序列时，手动拖曳会十分费时费力。

Excel 还能够依照我们设定的条件进行自动填充，解放双手。

以批量填充 1~1000 的序号为例，在需要按照序列填充的首个单元格输入起始数值 1，按下【Enter】键。选择【开始】选项卡【编辑】组中的【填充】命令，在下拉菜单中选择【序列】命令。弹出【序列】对话框，选择【列】单选项，设置填充的类型、步长值和终止值，单击【确定】按钮后 Excel 就能够自动填充 1~1000 了（见图 2-4）。

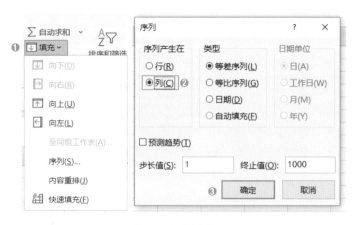

图 2-4　自动填充序列

这项功能还可以用于填充日期，在【日期单位】下选择相应的时间单位，可以节省计算和核对的时间（见图 2-5）。

图 2-5　自动填充日期

2.1.3　将单行文本快速分行并重排

Excel 中的填充功能，可以实现将单元格内容向上、下、左、右 4 个方向进行复制、序列或格式填充。除了常规的填充方式，内容重排功能还可以迅速拆分单行文本（见图 2-6）。

需要注意的是，如果单元格中的内容为数字或公式，内容重排功能则无法对其生效（见图 2-7）。

图 2-6　内容重排　　　　　　　　　图 2-7　　错误警告

内容重排功能的用途究竟是什么？通过下面这个案例，相信你能够理解得更加透彻。在处理数据时，也许会遇到所有数据被录入在同一个单元格中的情况（见图 2-8），如何才能快速将每一个姓名填充到不同的行之中呢？

首先，将需要拆分的单元格宽度调整为适合目标文字之后，保证单元格宽度能够容纳拆分后的内容。调整后的列宽将决定文字拆分的位置。然后，选择需要进行拆分的单元格，在【填充】下拉菜单中选择【内容重排】命令，Excel 会根据单元格宽度自动拆分原本单行的内容（见图 2-9）。

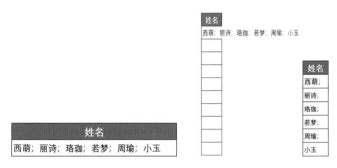

图 2-8　数据均填充于同一单元格　　　　图 2-9　将单行内容重排为多行

运用这个功能，还可以逆向操作，将多行内容合并为一行。首先将单元格宽度调整至足够填充所有文字的宽度，然后选中需要合并的区域，选择【内容重排】命令即可（见图 2-10）。

姓名
西萌；
丽诗；
珞珈；
若梦；
周瑜；
小玉

姓名
西萌；丽诗；珞珈；若梦；周瑜；小玉

图 2-10　将多行内容重排为单行

然而，【内容重排】功能的缺点在于单行文字拆分时，Excel 仅能根据列宽而非通过识别已有分隔符拆分文字。因此，当需要进行拆分的文本长度不一致时，则无法保证单元格内容的准确性（见图 2-11）。

姓名
大西萌；
丽诗；珞
珈；若梦；
周瑜；小玉

图 2-11　文本长度不一致，可能造成拆分后的结果错误

2.1.4　快速填充：Excel 中的"依葫芦画瓢"

尽管填充功能已经足够强大、优秀了，但是，在 Excel 2013 及以上的版本中，快速填充功能的加入甚至能分分钟"秒杀"函数。软件功能总是在不断更新以使其更加便捷，如果你的版本低于 Excel 2013，建议首先完成软件的升级，体验更多新功能（见图 2-12）。

以提取身份证的年月日为例，通常情况下，我们需要使用函数才能提取出年月日。但这对刚入门学习 Excel 的读者来说未免太不友好。

图 2-12　快速填充功能

我们可以使用快速填充功能。只要在第一个单元格中输入年份，单击【填充—快速填充】命令（或按快捷键【Ctrl+E】），所有年份就被提取出来了（见图 2-13）。

如果数据的规律不够明显，则只需要继续在第 2 个或第 3 个单元格中录入需要提取的内容，Excel 就能够判断趋势，并根据规律提取（见图 2-14）。

身份证号	出生年
946796198910118973	1989
946803197810073662	1978
179873198106214896	1981
344964197807067016	1978
347430199303047987	1993
879169198010243978	1980
763426196808244969	1968
763761199903097962	1999

身份证号	出生年
946796198910118973	1989
946803197810073662	1978
179873198106214896	1981
344964197807067016	1978
347430199303047987	1993
879169198010243978	1980
763426196808244969	1968
763761199903097962	1999

图 2-13　通过快速填充提取年份　　图 2-14　数据规律不明显时输入多行提取内容即可

快速填充不仅能用于提取内容，还可以为表格的数据批量添加前 / 后缀、空格，甚至快速合并列，这就需要读者根据快速填充功能的性质举一反三，通过实际案例进行练习。

2.2　修改数据的好帮手：查找 & 替换

在大量数据中，想要快速锁定符合目标的数据或者批量修改相同的数据内容，应该怎么操作呢？如果你对 Excel 的功能比较熟悉，相信查找和替换功能会是首选项（见图 2-15）。

图 2-15　查找和替换功能

不过，知道查找和替换功能的存在并不意味着我们将它们最大化利用了，本章将带你重新认识这两个功能。

2.2.1　批量修改相同内容

在登记公司员工信息时，不小心将员工"建捷"的姓名错误录入成了"建杰"（见图 2-16），为了避免尴尬，还是赶紧趁着没被发现更正回来吧！

销售人	对接客户
李芳	实翼
郑建杰	建杰制药有限公司
建杰	千固
郑建杰	福星制衣厂股份有限公司
赵军	浩天旅行社
张雪眉	永大企业
李芳	凯诚国际顾问公司
郑建杰	远东开发
建杰	椅天文化事业
郑建杰	正人资源

图 2-16　部分数据录入错误

一般情况下，选中数据区域后，单击【开始】选项卡【编辑】组中的【查找和选择】命令，在下拉菜单中选择【替换】命令（快捷键【Ctrl+H】）。弹出【查找和替换】对话框，在【查找内容】框中输入填写错误的信息，在【替换为】框中输入正确的内容，单击【全部替换】按钮，表格中所有的错误内容都会一次性被替换（见图 2-17）。

图 2-17　【查找和替换】对话框

不过，在这个数据表中，如果直接对数据进行替换，完成之后就会发现，除了需要修改的单元格，原来表格中包含"建杰"二字的其他正确信息也被修改了（见图 2-18）。

销售人	对接客户
李芳	实翼
郑建捷	建捷制药有限公司
建捷	千固
郑建捷	福星制衣厂股份有限公司
赵军	浩天旅行社
张雪眉	永大企业
李芳	凯诚国际顾问公司
郑建捷	远东开发
建捷	椅天文化事业
郑建捷	正人资源

图 2-18　包含关键词内容均被替换

有什么方法可以保证只替换错误的内容呢？事实上，我们的需求也就是需要将替换的范围限制为，只有当查找内容和单元格内容完全匹配时，才需要替换。

按下快捷键【Ctrl+H】，弹出【查找和替换】对话框中的【替换】标签，单击【选项】按钮，勾选【单元格匹配】复选框，Excel 就会只替换和查找与单元格内容完全匹配的数据（见图 2-19 和图 2-20）。

图 2-19　勾选【单元格匹配】复选框

销售人	对接客户
李芳	实翼
郑建杰	建杰制药有限公司
建捷	千固
郑建杰	福星制衣厂股份有限公司
赵军	浩天旅行社
张雪梅	永大企业
李芳	凯诚国际顾问公司
郑建杰	远东开发
建捷	椅天文化事业
郑建杰	正人资源

图 2-20　只替换匹配的单元格

下次进行替换之前，可别忘记先勾选【单元格匹配】复选框，以免在不知不觉中改动了其他数据。

2.2.2　查找符合条件的单元格

在密密麻麻的数据表格中，希望能够找到某位重要客户的所有交易记录，怎么办？用好查找功能，不管想要找到什么内容，Excel 都可以一秒为你呈现结果。

选择需要查找的数据范围，按下快捷键【Ctrl+F】，弹出【查找和替换】对话框中的【查找】标签，输入目标数据，别忘了确认是否需要勾选【单元格匹配】复选框以精准查找。单击【查找全部】按钮，工作表中所有符合条件的单元格迅速被罗列出来（见图 2-21）。

图 2-21　查找所有符合单元格

在搜索英文内容时，还可以勾选【区分大小写】和【区分全 / 半角】复选框，以确保查找到的内容准确无误。

除了文字信息，Excel 还可以根据单元格的格式进行查找。选择【格式—从单元格选择格式】命令，可以直接选择某一个单元格的格式进行匹配（见图 2-22和图 2-23）。

图 2-22　选择【从单元格选择格式】命令

图 2-23　只查找符合格式的单元格

不仅如此，通过【查找】功能，还能够找到数据表中的注释、批注等内容。多多练习摸索，相信你会发现更多从未发现的惊喜操作（见图 2-24）。

图 2-24　查找指定范围

2.2.3　查找和替换跨工作表的数据

如果需要批量修改，或者同时查找十几个工作表中的内容，难道只能在每个工作表之中重复操作吗？当然不，重复的工作，统统交由 Excel 搞定吧！

在【查找和替换】对话框中，单击【查找】标签，单击【选项】按钮展开更多选择，在范围中选择【工作簿】。单击【查找全部】按钮，当前工作簿中所有符合条件的数据都能被查找到（见图 2-25）。

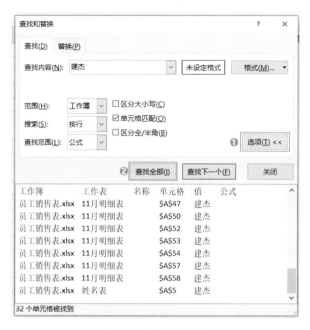

图 2-25　在工作簿中查找

在批量替换工作簿中的相同内容时，也是通过在范围中选择【工作簿】，扩大替换的数据范围，实现替换当前工作簿的所有内容。

然而，现实情况往往不会如此简单。比如，当前工作簿中的所有工作表都需要进行查找和替换的操作，怎么才能选中目标工作表并替换内容呢？

当选择的是连续工作表时，单击第一个工作表标签，按住键盘上的【Shift】键，再单击最后一个目标工作表，然后进行查找或替换的操作。如果目标工作表之间被其他工作表隔断了，则在按住【Ctrl】键的同时单击工作表标签，就可以选择不连续的工作表。

2.2.4　精确查找和模糊查找

在查找和替换时勾选【单元格匹配】复选框，可以提高搜索的精度，使得结果和目标内容完全匹配。

但这个功能仍然存在局限性，因为在无法确定内容的情况下，如果能够查找到包含某一个字眼的数据就会更方便。例如，需要查找出所有姓氏为"李"的员工。

在这种情况下，通配符就派上用场了。

常用的通配符有"?"和"*"两种，只要记住这两者代表的含义，就能够解决 90% 以上的查找和替换问题。在 Excel 中，通配符还能嵌套在筛选、公式中，甚至在电脑中查找文件时也能用上（见表 2-1）。

表 2-1

通配符	含义	查找内容	查找结果
*	任意多个字符	张 *	张雪眉 张一
?	任意一个字符	张 ?	张明 张一
~	强制将通配符转为非通配符	张 ~?	张 ?

在了解通配符的含义之后，问题的答案就显而易见了。要找出所有姓氏为"李"的员工，只需要在【查找内容】框中输入"李 *"即可（见图 2-26）。

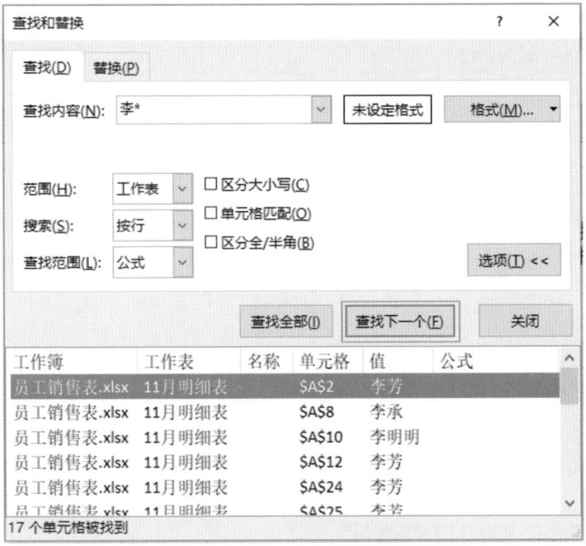

图 2-26　使用通配符完成查找

如果查找的是姓氏为"李"，且名字为 3 个字的员工，在【查找内容】框中输入"李 ??"就可以精准匹配了。

2.3　Excel 中的"精确制导武器"：定位条件

学会查找之后，新的问题又出现了——需要突出显示数据中所有使用了公式的单元格，应该怎么操作呢？查找功能无法满足我们当前的需求。毕竟，查找仅能根据值或者单元格格式搜索目标内容，而定位可以依据数据的特定类型帮助我们快速锁定和选择目标。

2.3.1　定位的基本操作

【查找】和【定位条件】本质上来说都是选择目标对象，所以在【开始】选项卡的【查找和选择】下拉菜单中就能找到这两个命令（见图 2-27）。

通过快捷键【Ctrl+G】或者【F5】（部分笔记本电脑需要同时按住【Fn+F5】键）就可以唤起【定位】对话框，单击【定位条件】按钮，可以弹出【定位条件】对话框（见图 2-28）。

定位条件功能可以根据数据的特质锁定单元格，打开【定位条件】对话框之后，选择不同的条件类型，目标结果将会被选中。

图 2-27　定位功能　　　　　　　　　图 2-28　定位条件

2.3.2　快速删除表中空行

某些时候为了对内容做出区分，数据会被插入的空行分隔开。事实上，这种做法是极其不可取和不规范的。空行属于无效数据，会影响数据处理和统计的正确性。因此，在分析数据之前，需要先清除数据中的空行（见图 2-29）。

销售人	对接客户		行标签 ▼	计数项:对接客户
李芳	实翼		建杰	15
李芳	山泰企业		李芳	17
李芳	千固		刘英玫	9
			孙林	8
赵军	福星制衣厂股份有限公司		王伟	7
赵军	永大企业		张雪眉	5
			张颖	6
郑建杰	远东开发		赵军	3
建杰	椅天文化事业		郑建杰	14
郑建杰	正人资源		(空白)	
			总计	84

图 2-29　源数据存在空行，插入数据透视表后出现空白数据

选中数据区域，单击【开始】选项卡中的【查找和选择】命令，在下拉菜单中选择【定位条件】命令，在弹出的【定位条件】对话框中选择【空值】单选项，单击【确定】按钮，当前数据区域中所有空单元格均会被选中（见图 2-30）。

此时，单击鼠标右键，在弹出的快捷菜单中选择【删除】命令，弹出【删除】对话框，选择【整行】单选项，数据中的空行就会被批量删除（见图 2-31）。

图 2-30　通过定位选中所有空行　　　图 2-31　删除所有空行

2.3.3　批量填充取消合并单元格

空行是数据不规范的一个体现，合并单元格也同样代表了不规范。尽管合并单元格会使得页面更加简洁，但是会造成数据缺失，详见 3.8 节（见图 2-32）。

在批量取消合并单元格之后，如何才能为空白单元格补齐数据呢？毕竟，在取消了一整列的合并单元格之后，手动录入数据效率太低，而且容易出错。

既然【定位条件】可以帮助我们锁定空值，批量删除空行，自然也可以帮助我们达到批量填充单元格的目的。

选中取消合并单元格的数据列，打开【定位条件】对话框，选择【空值】单选项，单击【确定】按钮后效果如图 2-33 所示。

销售人	对接客户
李芳	实翼
	山泰企业
	千固
赵军	福星制衣厂股份有限公司
	浩天旅行社
	永大企业
郑建杰	远东开发
	椅天文化事业
	正人资源
	三捷实业
	东帝望

销售人	对接客户
李芳	实翼
	山泰企业
	千固
赵军	福星制衣厂股份有限公司
	浩天旅行社
	永大企业
郑建杰	远东开发
	椅天文化事业
	正人资源
	三捷实业
	东帝望

销售人	对接客户
李芳	实翼
	山泰企业
	千固
赵军	福星制衣厂股份有限公司
	浩天旅行社
	永大企业
郑建杰	远东开发
	椅天文化事业
	正人资源
	三捷实业
	东帝望

图 2-32　取消合并后出现空白单元格　　　　图 2-33　通过【定位条件】选择空值

空单元格被选中后，在编辑栏中输入公式"=A2"，也就是使空单元格等于上一个单元格的内容，按下快捷键【Ctrl+Enter】，批量填充公式（见图 2-34）。

销售人	对接客户
李芳	实翼
=A2	山泰企业
	千固
赵军	福星制衣厂股份有限公司
	浩天旅行社
	永大企业
郑建杰	远东开发
	椅天文化事业
	正人资源
	三捷实业
	东帝望

	销售人	对接客户
1	销售人	对接客户
2	李芳	实翼
3	李芳	山泰企业
4	李芳	千固
5	赵军	福星制衣厂股份有限公司
6	赵军	浩天旅行社
7	赵军	永大企业
8	郑建杰	远东开发
9	郑建杰	椅天文化事业
10	郑建杰	正人资源
11	郑建杰	三捷实业
12	郑建杰	东帝望

图 2-34　输入公式填充单元格

到这一步就完成了吗？并没有。填充公式之后，还需要选择填充后的数据，按下快捷键【Ctrl+C】，然后在原位置单击鼠标右键，在弹出的快捷菜单中选择【值】图标即可（见图 2-35）。

图 2-35　原位置粘贴为值

最后这步复制、粘贴操作的意义在于，使填充的公式转换为固定数值。由于在填充时，空单元格中的内容是引用了上一个单元格的数据，一旦上一个数据被删除，那么填充后的单元格值将会变成"0"（见图 2-36）。为了确保后续改动数据时不会对现有结果造成影响，就需要将填充的内容固定。

销售人	对接客户	销售人	对接客户
李芳	实翼		实翼
=A2	山泰企业	0	山泰企业
=A3	千固	0	千固
赵军	福星制衣厂股份有限公司	赵军	福星制衣厂股份有限公司
=A5	浩天旅行社	赵军	浩天旅行社
=A6	永大企业	赵军	永大企业
郑建杰	远东开发	郑建杰	远东开发
=A8	椅天文化事业	郑建杰	椅天文化事业
=A9	正人资源	郑建杰	正人资源
=A10	三捷实业	郑建杰	三捷实业
=A11	东帝望	郑建杰	东帝望

图 2-36　直接填充公式后，数据可能随之发生改变

2.3.4　批量处理在 Excel 中的对象

定位条件功能除了可以定位选择数据，还可以应用于 Excel 中插入的图表、图片等浮于表格上方的对象。例如，如果希望暂时隐藏数据界面的图表，则打开【定位条件】对话框，选择【对象】单选项，可以批量选中插入的图表（见图 2-37）。

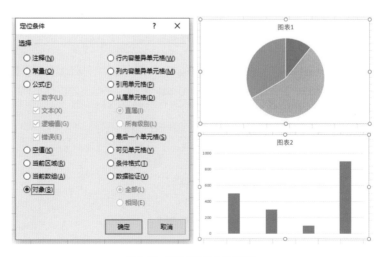

图 2-37　通过定位对象选择图表

完成选择之后，在【查找和选择】下拉菜单中单击【选择窗格】命令，在右侧弹出的【选择】面板中单击【全部隐藏】按钮，当前页面的图表就会"消失"。如果当前设置的图表等内容不希望被其他人看到，就可以暂时隐藏而不必删除（见图 2-38 ）。

图 2-38 在【选择】面板中隐藏图表

2.4 只看我想看的数据：筛选

在数据繁多的表格之中，为了更加清楚某一个特定条件的详细数据，需要单独呈现符合条件的内容，而不影响其他数值。筛选功能可以让我们只看到需要的数据，隐藏其他无关对象。

2.4.1 筛选的基本操作

在【开始】选项卡的【编辑】组和【数据】选项卡的【排序和筛选】组中都能找到【筛选】命令，单击即可开启或关闭（快捷键为【Ctrl+Shift+L】）（见图 2-39 ）。

图 2-39 筛选

开启筛选功能之后，标题行中的各列均会出现【筛选】按钮，单击【筛选】按钮，在弹出的下拉菜单中会呈现出该列数据中的不重复项，勾选相应选项即可筛选数据或取消勾选相应选项隐藏数据（见图 2-40）。

图 2-40　打开【筛选】下拉菜单

如果只是特定的数据列需要进行筛选，则选中相应的数据列再开启筛选功能（见图 2-41）。

月份	报销人员	报销金额
2019年10月	珞珈	781
2019年10月	若梦	426
2019年11月	珞珈	330
2019年11月	大西萌	558

月份	报销人员	报销金额
2019年10月	珞珈	781
2019年10月	若梦	426
2019年11月	珞珈	330
2019年11月	大西萌	558

图 2-41　对特定列开启筛选

2.4.2　筛选特定条件

如图 2-42 所示，在"月份"列的筛选中单击年份前的加号图标，即可取消对月份的折叠。【筛选】下拉菜单中默认勾选所有数据，如果只查看 2019 年 12 月和 2020 年 1 月的详细数据，则可以首先单击【全选】复选框取消勾选所有内容，再勾选对应的复选框，单击【确定】按钮即可。

存在筛选条件的数据列，标题行的【筛选】按钮样式会发生改变，而且筛选后的数据行号颜色也会发生改变。

图 2-42　筛选特定内容

筛选后再次单击标题行的【筛选】按钮，在弹出的下拉菜单中选择【从"月份"中清除筛选】命令，即可清除该列的筛选（见图 2-43）。

图 2-43　清除筛选

一旦列中的数据以量级存储，通过勾选的方式选择会需要耗费较长的时间才能完成。因此，还可以直接在【筛选】下拉菜单中的搜索框输入关键字，如输入"10 月"后按下【Enter】键，所有内容包含 10 月的单元格都会被筛选出来（见图 2-44）。

图 2-44　通过搜索筛选

除了以上两种方法，还可以在【筛选】下拉菜单中选择【日期筛选】，在提供的筛选条件中直接设定条件（见图 2-45）。

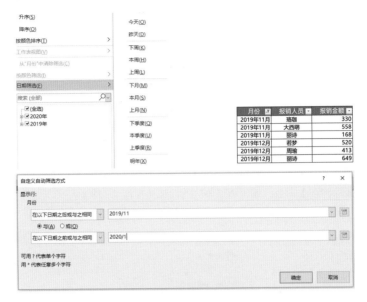

图 2-45　通过条件进行筛选

在数据列的数字格式不同时，筛选的条件也随之改变。如单击"月份"列的【筛选】按钮，【筛选】下拉菜单中会提供日期相关的筛选条件；单击"姓名"列，【筛选】下拉菜单中会提供文本相关的筛选条件；单击"报销金额"列的【筛选】按钮，【筛选】下拉菜单中会提供数字相关的筛选条件（见图 2-46 和图 2-47）。

图 2-46　日期筛选条件　　　　　图 2-47　文本筛选条件与数字筛选条件

还能通过筛选功能仅找出填充了某一颜色的单元格，操作方式与筛选其他条件一致，此处不再赘述（见图2-48）。

图2-48 按颜色筛选

2.4.3 筛选多个条件

在遇到需要同时完成多个条件的筛选时，应该怎么办呢？这就不得不介绍高级筛选功能（见图2-49）。

使用高级筛选功能，首先需要设置条件区域，条件区域需包含标题和值，通过条件区域中数据的排列让Excel能够自动判断关系。

当数据在同一行时，表示"且"关系。现在需要筛选客户名为"广西成宇"，且产品为"车架"，且数量大于"10"的数据。

首先，设置条件范围，如图2-50所示。

图2-49 高级筛选功能

客户名	产品	数量
广西成宇	车架	>10

图2-50 同一行的筛选条件表示"且"关系

然后，单击【数据】选项卡【排序和筛选】组中的【高级】命令。弹出【高级筛选】对话框，【列表区域】为数据区域，【条件区域】为设置的条件范围，单击【确定】按钮，符合以上条件的数据就会被筛选出来。不过，通过高级筛选得到的数据结果，标题行中不会有筛选按钮，但行号依然会发生颜色改变（见图2-51）。

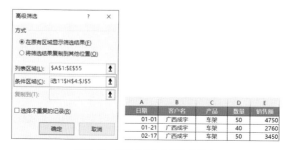

图2-51 根据"且"条件进行筛选

那么，如果修改一下需求，需要同时得到客户名为"广西成宇"，或产品为"车架"，且数量大于"10"的数据。

已知数据在同一行表示"且"关系，不同行之间表示"或"关系，条件区域就应该修改为如图 2-52 所示，再进入【高级筛选】对话框选择【条件区域】，就可以筛选出满足要求的数据（见图 2-53）。其实，高级筛选最重要的知识点在于掌握条件的设置方法。

客户名	产品	数量
广西成宇		
	车架	>10

图 2-52　条件区域

	A	B	C	D	E
1	日期	客户名	产品	数量	销售额
2	01-01	广西成宇	车架	50	4750
8	01-11	广西成宇	保护膜	50	10000
12	01-21	广西成宇	车架	40	2760
23	02-17	广州荣升堂	车架	50	3450
29	03-02	广西成宇	保护膜	40	8000
31	03-04	北京以添	车架	20	1380
36	03-19	广西成宇	香薰	30	1020
50	04-18	广西成宇	绿茶	50	7750
51	04-18	广西成宇	雨伞	30	2070
52	04-23	天津利通	车架	50	3450
54	04-24	广西成宇	保护膜	50	10000
55	04-29	天津利通	车架	30	2850

图 2-53　筛选结果

高级筛选还可以将筛选后的结果复制到其他位置，只需在【高级筛选】对话框中选择【将筛选结果复制到其他位置】单选项即可。这样在查看原有数据时也不会受到影响，可以同时对比数据源和筛选结果（见图 2-54）。

图 2-54　将筛选结果复制到其他位置

2.4.4　隐藏重复值

高级筛选还有一个很重要的功能——隐藏重复值。掌握这个功能，不需要再通过【删除重复项】命令修改数据源。而且筛选后的结果随时都可以退出筛选功能，看到完整的数据记录。

单击【高级】命令，在弹出的【高级筛选】对话框的【列表区域】框中选择需要去重的数据区域，勾选【选择不重复的记录】复选框，就可以隐藏该列的重复值（见图 2-55）。

图 2-55 选择不重复的记录

如果不希望在原有区域显示结果，则可以选择【将筛选结果复制到其他位置】单选项，在【复制到】框中选择其他单元格（见图 2-56）。

图 2-56 将不重复记录复制至其他区域

有时候，我们只需要对某一行的数据提取唯一值，应该怎么操作呢？其实也很简单，选中该列数据中的任意一个单元格，再使用上述方法调出【高级筛选】对话框，勾选【选择不重复的记录】复选框，并将数据复制到新的位置。

2.4.5 筛选重复值

隐藏重复值可以使数据记录更加简洁，但有时只想看到产生多笔订单的客户的每一条记录，这时应该怎么做？

第一种方法，先选中"客户名"列，借助【开始】选项卡中的【条件格式—突出显示单元格规则—重复值】命令，将"客户名"列中的重复信息重点突出（见图 2-57）。

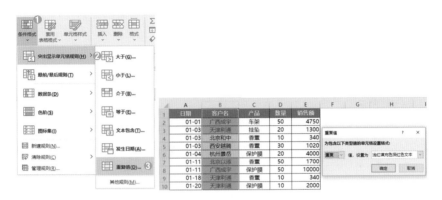

图 2-57 使用条件格式突出显示重复值

通过【条件格式】为所有重复的记录填充统一的背景色，单击【数据】选项卡中的【筛选】命令。单击相应标题行的【筛选】按钮，在【筛选】下拉菜单中单击【按颜色筛选】命令，选择代表重复单元格的颜色，确定后所有重复内容都会被显示（见图 2-58）。

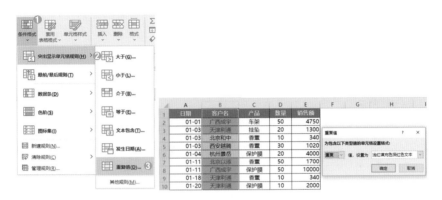

图 2-58 筛选代表重复记录的颜色

第二种方法，可以分门别类地将不同客户的详细记录筛选出来。

首先，将需要筛选的客户名称单独录入为条件区域，再调出【高级筛选】对话框，选择【条件区域】后即可快速完成（见图 2-59）。

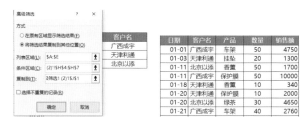

图 2-59 使用高效筛选筛选重复值

2.5 想怎么排，就怎么排：排序

排序也是 Excel 中常用的功能之一，通过排序功能，可以让数据随时依照我们期望的结果改变顺序。

排序的对象为数值或者文本，Excel 针对数值和文本分别有不同的排序方式。对数值排序时，顺序将会按照数值的大小排列，如从 1 到 10；对文本排序时，则可以按照字母、拼音，甚至是笔画排列。

2.5.1 单关键字排序

单关键字排序，简单理解，就是以某一行或者某一列作为整个表格排序的标准。例如，将如图 2-60 所示的销售记录表中的数据按照客户订购产品的数量由多到少排序，实现方法如下。

日期	客户名	产品	数量	销售额
01-01	广西成宇	车架	50	4750
01-03	天津利通	挂坠	20	1300
01-03	北京和中	香薰	10	340
01-03	西安越腾	香薰	30	1020
01-04	杭州景岳	保护膜	20	4000
01-11	北京以添	香薰	50	1700
01-11	广西成宇	保护膜	50	10000
01-18	天津利通	香薰	10	340
01-20	天津利通	保护膜	10	2000
01-20	北京以添	绿茶	30	4650

图 2-60 销售记录表数据

第一种方法即最常用的操作方法，选中"数量"列，单击【数据】选项卡中的【降序】图标，在弹出的【排序提醒】对话框中默认选择了【扩展选定区域】

单选项，单击【排序】按钮即可（见图 2-61）。

图 2-61　通过降序进行排列

【扩展选定区域】和【以当前选定区域排序】二者有什么区别？

【扩展选定区域】也就是整个表格的数据依照"数量"列改变排列顺序；【以当前选定区域排序】意味着只有选中的"数量"列内容顺序发生变化，其他列不发生顺序改变。

在对序号等不影响数据记录的内容进行排列时，可以选择【以当前选定区域排序】单选项，只改变某一个的数据顺序。

在对记录中的某项内容进行排序时，则更建议选择【扩展选定区域】单选项，以免造成数据错误（见图 2-62）。

日期	客户名	产品	数量	销售额
01-01	广西成宇	车架	50	4750
01-11	北京以添	香薰	50	1700
01-11	广西成宇	保护膜	50	10000
02-08	天津利通	绿茶	50	7750
02-17	广州荣升堂	车架	50	3450
02-22	广州荣升堂	雨伞	50	3450
02-23	广州荣升堂	绿茶	50	7750
04-04	天津利通	保护膜	50	10000

日期	客户名	产品	数量	销售额
01-01	广西成宇	车架	50	4750
01-03	天津利通	挂坠	50	1300
01-03	北京和中	香薰	50	340
01-03	西安越腾	香薰	50	1020
01-04	杭州景岳	保护膜	50	4000
01-11	北京以添	香薰	50	1700
01-11	广西成宇	保护膜	50	10000
01-18	天津利通	香薰	50	340

图 2-62　【扩展选定区域】与【以当前选定区域排序】效果

第二种方法，选中数据区域中任意一个单元格，单击【数据】选项卡中的【排序】命令，在弹出的【排序】对话框中勾选【数据包含标题】复选框，再依次选择相应的排序选项（见图 2-63）。

其实，单列排序还有一个最简单的方法，选中需要进行排序的数据列中的任意一个单元格，单击【数据】选项卡中的【降序】图标，表格就会自动以"数量"为基础整体排序。

❶选择【排序】命令

❷依次选择主要关键字、排序依据和次序

图 2-63　按主要关键字排序

2.5.2　多关键字排序

多关键字排序的方式，可以实现表格整体按照多列数据的主次顺序排列。多关键字排序无法直接单击【升序】/【降序】图标完成，需要打开【排序】对话框进行设置。

选中表格区域中任意一个单元格，单击【排序】命令，打开【排序】对话框，单击左上角的【添加条件】按钮即可新增次要关键字，再分别对主次关键字进行排序（见图 2-64）。

图 2-64　创建多关键字排序

如图 2-65 所示，数据将会优先对"日期"列进行升序排列，再对"销售额"列进行降序排列。

日期	客户名	产品	数量	销售额
01-01	广西成宇	车架	50	4750
01-03	天津利通	挂坠	20	1300
01-03	西安越腾	香薰	30	1020
01-03	北京和中	香薰	10	340
01-04	杭州景岳	保护膜	20	4000
01-11	广西成宇	保护膜	50	10000
01-11	北京以添	香薰	50	1700
01-18	天津利通	香薰	10	340
01-20	北京以添	绿茶	30	4650

图 2-65　多关键字排序结果

2.5.3　按照笔画 & 字符数排序

在需要按照数据的笔画或者字符数排列时，【排序】功能也能快速搞定。

选择【数据】选项卡中的【排序】命令，在弹出的【排序】对话框中单击【选项】按钮，弹出【排序选项】对话框，选择【笔画排序】单选项，单击【确定】按钮，回到【排序】对话框中选择排序的关键字等内容（见图 2-66）。

在选择按照笔画对数据进行排序时，Excel 会自动根据单元格中第一个数据的笔画排序。若笔画相同，则按拼音顺序排列（见图 2-66）。

图 2-66　按笔画进行排序前后对比（注：软件截图中"笔划"的正确写法应为"笔画"）

那么，按照字符数的多少进行排序又应该怎么选择？这就需要借助一个能够识别文本长度的函数 LEN。

创建一个辅助列"字符长度"，在第一个内容单元格中输入"=LEN(B2)"，按下【Enter】键，鼠标光标悬停在单元格右下角，出现黑色十字时下拉填充单元格。单击辅助列中任意一个单元格，再选择排序方式，就可以按照字符数对内容进行排序，最后删除辅助列（见图 2-67）。

姓名	字符长度	姓名	字符长度
大西萌	3	张陈斌易	4
王巽	2	大西萌	3
元—	3	元—	3
丽诗	2	王巽	2
张陈斌易	4	丽诗	2
若梦	2	若梦	2
周瑜	2	周瑜	2
珞珈	2	珞珈	2

图 2-67　通过建立辅助列完成排序

2.5.4　自定义排序

现实的需求往往更加复杂，排序中内置的选项是有限的，所以 Excel 也提供了自定义排序的方法。

按照上述方法调出【排序】对话框，在【次序】下拉列表中选择【自定义序列】。弹出【自定义序列】对话框，在右侧的【输入序列】空白框中分行输入希望的排序结果，单击【添加】按钮，左侧的【自定义序列】框中就会出现新的选项（见图 2-68）。

图 2-68　创建自定义序列

2.6 人以群分，数以类聚：分类汇总

在 Excel 工作簿中，通常不可避免地需要查看某类数据的总计值。

在 3.8.4 节中，有一个要点就是表格中要慎用"合计"。因为在使用数据透视表分析数据时，"合计"行的数据会被重复计算。但有时我们需要将数据进行分类汇总，以便更容易查看某项数据的总额。例如，工资表中就经常用到。本节我们详细介绍一下分类汇总的方法。

2.6.1 创建分类汇总

排序后单击数据区域中任意一个单元格，单击【数据】选项卡中的【分类汇总】命令，在弹出的【分类汇总】对话框中设置【分类字段】和【汇总方式】（见图 2-69）。

图 2-69 分类汇总

【分类字段】选择客户名，【汇总方式】为求和，在【选定汇总项】框中勾选【销售额】复选框，单击【确定】按钮，就可以按客户名进行汇总了（见图 2-70）。

日期	客户名	产品	数量	销售额
01-03	北京和中	香薰	10	340
03-05	北京以添	保护膜	20	4000
03-21	北京以添	保护膜	40	8000
03-04	北京以添	车架	20	1380
01-20	北京以添	绿茶	30	4650
03-27	北京以添	绿茶	40	6200
04-04	北京以添	绿茶	10	1550
01-11	北京以添	香薰	50	1700
01-21	北京以添	香薰	30	1020
03-12	北京以添	香薰	10	340
01-11	广西成宇	保护膜	50	10000
03-02	广西成宇	保护膜	40	8000
04-24	广西成宇	保护膜	50	10000

图 2-70 分类汇总前后对比

如果需要进一步按照客户购买的产品进行分类，则再次单击【分类汇总】命令，弹出【分类汇总】对话框，【分类字段】选择产品，依旧以销售额总和汇总，取消勾选【替换当前分类汇总】复选框，并单击【确定】按钮（见图 2-71）。

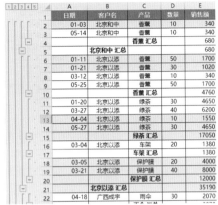

图 2-71　再次创建分类汇总

💡 **小贴士**

在进行分类汇总前，需要首先对"客户名"和"产品"列的数据依次排序，此处先对"客户名"列进行升序排列，再对"产品"列进行降序排列，否则根据前面的操作，同类目的数据可能无法进行汇总（见图 2-72）。

图 2-72　未排序的数据无法成功汇总

创建分类汇总之后，工作表左侧会生成【分级】图标，单击【分级】图标，可以查看不同级别的数据汇总结果（见图 2-73）。

1 2 3 4		A	B	C	D	E
	1	日期	客户名	产品	数量	销售额
+	4		北京和中 汇总			340
+	18		北京以添 汇总			28840
+	32		广西成字 汇总			46350
+	47		广州荣升堂 汇总			24770
+	50		杭州景岳 汇总			4000
+	53		沈阳莫吉 汇总			4650
+	85		天津利通 汇总			76770
+	88		西安越腾 汇总			1020
-	89		总计			186740
	90					

图 2-73 通过【分级】图标查看数据

2.6.2 删除分类汇总

需要删除表格当前创建的汇总结果时，再次单击【数据】选项卡中的【分类汇总】命令，在弹出的【分类汇总】对话框中单击【全部删除】按钮，并单击【确定】按钮，表格会恢复原始状态（见图 2-74）。

日期	客户名	产品	数量	销售额
01-03	北京和中	香薰	10	340
03-05	北京以添	保护膜	20	4000
03-21	北京以添	保护膜	40	8000
03-04	北京以添	车架	20	1380
01-20	北京以添	绿茶	30	4650
03-27	北京以添	绿茶	40	6200

图 2-74 删除分类汇总

2.7　怎么粘贴你说了算：选择性粘贴

在 Excel 中，复制和粘贴的使用频率很高，但一般用户也仅仅局限于【Ctrl+C】（复制）和【Ctrl+V】（粘贴）。

其实，在很多人眼中功能乏善可陈的粘贴功能，也隐藏了很多"彩蛋"技能。

2.7.1　选择性粘贴的基本类型

复制单元格中任意对象，单击【开始】选项卡中【粘贴】命令下的箭头，在下拉菜单中选择【选择性粘贴】命令；或者复制之后，在要粘贴的位置单击鼠标右键，在弹出的快捷菜单中选择【选择性粘贴】命令。这两种方法都可以看到【选择性粘贴】命令的所有类型（见图 2-75）。

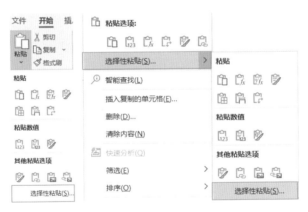

图 2-75　通过两种方式调出【选择性粘贴】

【选择性粘贴】命令可以将复制或者剪切的数值内容粘贴为与原格式一致的内容、只保留格式、只保留数值，或者转化为图片。选择性粘贴的对象可以为文本、数字或者图片等。当对象的属性发生变化时，选择性粘贴的内容也会随之调整。

只要调出【选择性粘贴】对话框，就可以查看粘贴的选项，从而进行选择（见图 2-76）。

图 2-76　粘贴对象为数值与粘贴对象为图片

2.7.2　利用选择性粘贴批量运算

在录入数据时一不小心弄错了单位，现在需要将单位为"元"的数据修改为"万元"（见图 2-77），需要怎么操作呢？

日期	客户名	产品	数量	销售额（元）
01-01	广西成宇	车架	50	475000
01-03	天津利通	挂坠	20	130000
01-03	北京中和	香薰	10	34000
01-03	西安越腾	香薰	30	102000
01-04	杭州景岳	保护膜	20	400000
01-11	北京以添	香薰	50	170000
01-11	广西成宇	保护膜	50	1000000
01-18	天津利通	香薰	10	34000

图 2-77　为数据添加单位

批量计算整列数据，常规的操作方法为：在相邻列输入数值—批量填充需要进行计算的行数—建立辅助列进行运算—复制辅助列结果—在原来的数据列中将结果粘贴为固定数值。

这个方法看起来似乎已经是最优选了，毕竟也才几个步骤，那么使用【选择性粘贴】会是什么效果？

在空白单元格中输入"1000"，按快捷键【Ctrl+C】进行复制，选中"销售额"列的数据，单击鼠标右键，在弹出的快捷菜单中选择【选择性粘贴】命令，或者直接按下快捷键【Ctrl+Alt+V】（见图 2-78）。

图 2-78　选择性粘贴

在弹出的【选择性粘贴】对话框中的【运算】下选择【除】单选项，一整列的数值都会直接进行除运算（见图 2-79）。

日期	客户名	产品	数量	销售额（万元）
01-01	广西成宇	车架	50	47.5
01-03	天津利通	挂坠	20	13
01-03	北京和中	香薰	10	3.4
01-03	西安越腾	香薰	30	10.2
01-04	杭州景岳	保护膜	20	40
01-11	北京以添	香薰	50	17

图 2-79　选择运算方式

不过，利用选择性粘贴进行运算，原来的格式会发生变化，这时只需要选中格式正确的数据列，单击【开始】选项卡中的【格式刷】命令，再单击"销售额"列，就会修改为正确的格式（见图 2-80）。

日期	客户名	产品	数量	销售额（万元）
01-01	广西成宇	车架	50	47.5
01-03	天津利通	挂坠	20	13
01-03	北京和中	香薰	10	3.4
01-03	西安越腾	香薰	30	10.2
01-04	杭州景岳	保护膜	20	40
01-11	北京以添	香薰	50	17
01-11	广西成宇	保护膜	50	100
01-18	天津利通	香薰	10	3.4

图 2-80　用格式刷统一格式

2.7.3 利用选择性粘贴比较不同区域的数值

选择性粘贴还可以比较不同区域的数值是否一致，就不需要再人工核对了。

复制第一个数据区域中的所有数据，单击第二个数据区域相应位置的第一个单元格，单击鼠标右键，在弹出的快捷菜单中选择【选择性粘贴】命令（见图2-81），在弹出的【选择性粘贴】对话框中选择【减】单选项。

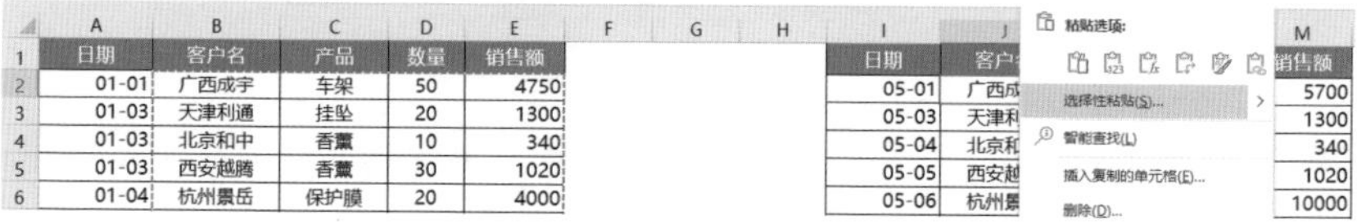

图 2-81　在选择性粘贴中选择减运算

得到的结果为第二个区域中的数值减去第一个区域中的数值，如果最终的单元格结果为 0，则说明相应位置单元格的数值一致，否则数值不同。

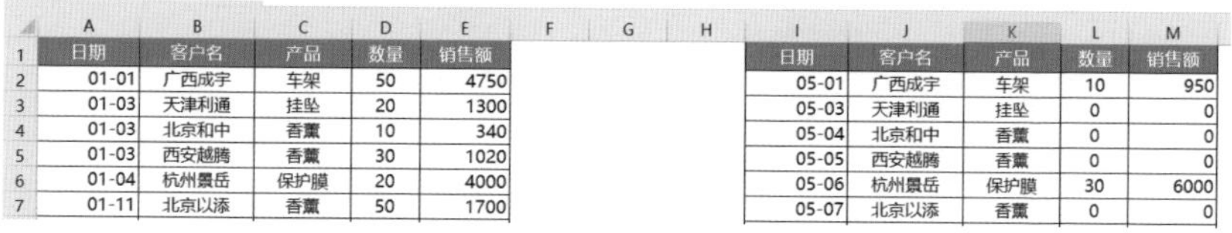

图 2-82　对比运算结果比较异同

需要注意的是，利用选择性粘贴比较不同区域的数值时，比较的对象必须是数值格式才可以顺利进行，并且粘贴后的数据会覆盖原有数据，需要根据实际情况做好备份。

2.7.4 利用选择性粘贴实现表格转置

表格中的数据往往一列为同一属性内容，一行为一条完整的记录，这样便于我们对数据进行分析，也更加符合使用习惯。如果不小心将行列设置错误了，以日期作为每列数据进行录入，随着时间的推移，数据列将会越来越多（见图2-83）。

日期	01-01	01-03	01-03	01-03	01-04	01-11
客户名	广西成宇	天津利通	北京和中	西安越腾	杭州景岳	北京以添
产品	车架	挂坠	香薰	香薰	保护膜	香薰
数量	50	20	10	30	20	50
销售额（万元）	47.5	13	3.4	10.2	40	17

图 2-83　错误设计行列位置

手动对每个单元格进行复制和粘贴，可能一整天的时间只完成了一个表格。其实使用选择性粘贴功能就可以一步搞定行列切换。

选中当前数据区域，单击鼠标右键，在弹出的快捷菜单中选择【转置】图标，马上就搞定了这个棘手的问题（见图 2-84）。

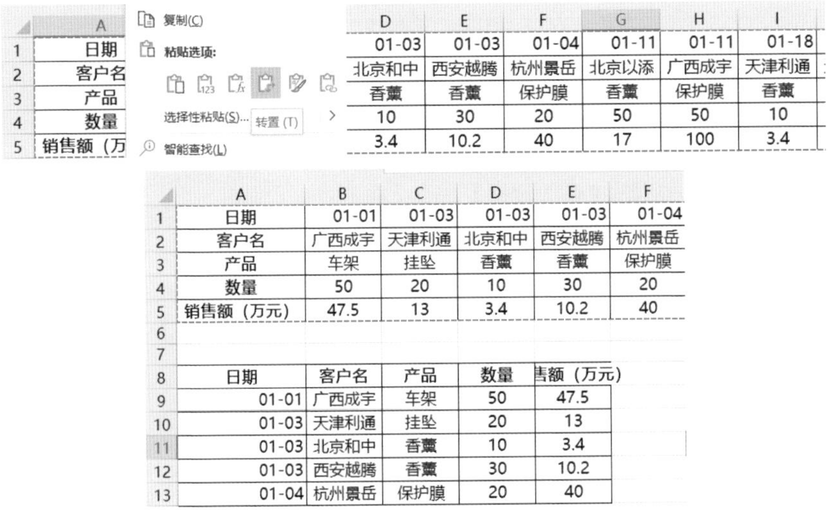

图 2-84　通过转置粘贴切换行列

2.8　多表合并技巧：Power Query

年终汇报需要重新整理一年的数据进行分析，以便预测下一年的走势并做出策略上的调整。但是，各个月份的数据往往分门别类地存于不同的 Excel 工作表，甚至是不同的 Excel 工作簿之中，需要使用复杂的函数调用数据。如果不会使用函数，就只能苦哈哈地将每一个表格的数据复制并粘贴到新的汇总表中。这样不仅效率太低，而且还容易出现疏漏。Excel 中其实还有一个不为人知的多表合并功能：Power Query。

2.8.1　打开 Power Query

选择【数据】选项卡，单击【获取数据】命令，在下拉菜单中选择【启动 Power Query 编辑器】命令，即可在 Excel 中打开 Power Query 界面（见图 2-85）。

注意：Excel 2016 专业增强版及以上版本中内置了 Power Query。若低于此版本，则可通过安装 Power Query 插件或 Power BI Desktop 的方式使用此功能。

如果直接启动 Power Query 编辑器，则 Power Query 中没有数据存在，还需要重新载入或输入数据（见图 2-86）。

为了减少不必要的操作，可以直接先获取数据再启动 Power Query。在 Excel 中单击【数据】选项卡中的【获取数据】命令，在下拉菜单中可以选择【来自文件】、【来自数据库】等命令获取不同路径和格式的数据（见图 2-87）。

图 2-85　启动 Power Query 编辑器

图 2-86　在 Power Query 中加载数据

图 2-87　在 Excel 中打开数据源

Excel 还为常用的数据获取方式设置了单独的入口。单击【来自表格 / 区域】命令（部分版本为【从表格】命令），即可将当前工作表的数据载入 Power Query（见图 2-88）。

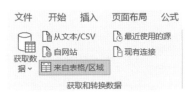

图 2-88　载入工作表数据

2.8.2　利用 Power Query 快速实现多表合并

实际工作中的表格往往是复杂多样的，多表合并也因此存在更多不同的可能性：单个工作簿中有多个工作表；多个工作簿中存在单一的工作表；多个工作簿中分别存在多个工作表。本节将针对这 3 种情况，分别讲解如何通过 Power Query 进行多表合并，提高工作效率。

需要注意的是，利用 Power Query 实现多表合并，在前期的表格设计时需要提前明确以下事宜。

（1）工作表中第一行需为标题行，而且名称需保持一致。若名称不一致，则会单独生成一列。若仅是数据列顺序不同，则不会影响合并。

（2）数据格式必须相同，且尽可能避免合并单元格的存在。

（3）某个工作表中独特存在的列，合并后也会单独生成一列。

（4）工作表中有格式的空行，合并后依然会保留。

数据存在的不规范设置很可能导致多表合并无法顺利实现。因此，表格的规范设计尤为重要，需要特别注意。

1. 合并单个工作簿中的工作表

新建空白工作簿，在【数据】选项卡中选择【获取数据—来自文件—从工作簿】命令，在弹出的对话框中选择目标工作簿，单击【导入】按钮（见图 2-89）。

图 2-89　导入 Excel 数据源文件

在弹出的【导航器】对话框中勾选【选择多项】复选框，即可批量勾选需要进行合并的 Sheet，再单击【转换数据】按钮进入 Power Query 编辑器（见图 2-90）。

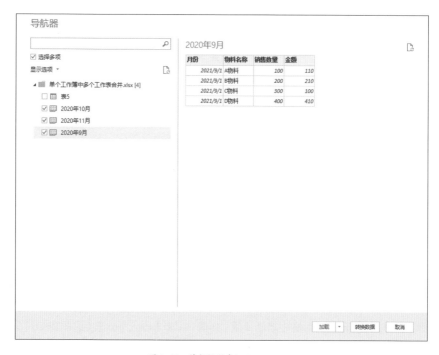

图 2-90　将数据源载入 Power Query

在主页下单击【追加查询】下拉箭头，弹出如图 2-91 所示的下拉菜单。若选择【追加查询】命令，则合并后的表格是在当前选择的表格基础上添加数据，

如在 9 月的表格上选择【追加查询】操作，最终 9 月
的表格数据将会包含 10 月和 11 月的表格数据；若选
择【将查询追加为新查询】命令，则三个表格的数据
将会被汇总到新的表格中。

图 2-91　追加查询

　　在此，单击【将查询追加为新查询】命令，在弹
出的【追加】对话框中选择【三个或更多表】单选项，依次选择左侧的工作表，
分别单击【添加】按钮，单击【确定】按钮（见图 2-92）。

图 2-92　添加追加的表格

　　Power Query 中会多出一个合并后的追加表格，鼠标双击工作表名称即可
进行重命名（见图 2-93）。

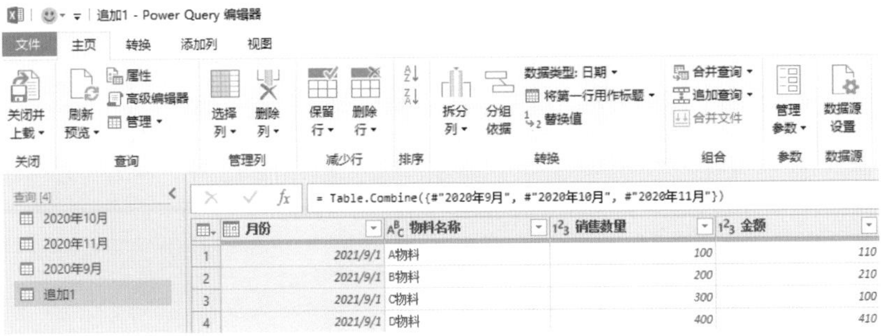

图 2-93　双击修改工作表名称

　　最后，在【主页】选项卡中单击【关闭并上载】命令，数据就会被加载到

Excel 中，此时可以再对数据进行处理或分析（见图 2-94）。

图 2-94　将合并后的数据加载到 Excel

2. 合并文件夹中的工作表

当工作表分别存储在不同的 Excel 工作簿中时，Power Query 也能迅速搞定合并。

首先，需要将数据加载到 Power Query。在【数据】选项卡中单击【获取数据—来自文件—从文件夹】命令，在弹出的对话框中单击【浏览】按钮选择文件夹路径，或者将文件夹路径粘贴进【文件夹路径】框中，单击【确定】按钮（见图 2-95）。

图 2-95　选择数据源文件夹

单击【转换数据】按钮，进入 Power Query 编辑器。此时，文件夹中的工作簿数据和信息都会被载入（见图 2-96）。

图 2-96　将文件夹载入至 Power Query

　　单击第一列标题选中整列，单击鼠标右键，在弹出的快捷菜单中选择【删除其他列】命令，将不需要的工作簿信息删除（见图 2-97）。

图 2-97　删除其他无关信息列

　　在【添加列】选项卡中单击【自定义列】命令，在弹出的【自定义列】对话框中输入 M 函数 =Excel.Workbook([Content],true)，此函数的作用在于合并一个文件夹下的所有工作簿。在输入函数时，需要严格区分大小写，并且所有标点符号都应为英文半角状态（见图 2-98）。

图 2-98 添加自定义列

当对话框下方显示"未检测到语法错误"时，单击【确定】按钮，运行 M 函数（见图 2-99）。

图 2-99 运行 M 函数

单击添加的自定义列右侧的按钮，在弹出的下拉菜单中取消勾选【使用原始列名作为前缀】复选框，单击【确定】按钮，目标文件夹中的工作表信息都会被呈现出来（见图 2-100）。

图 2-100 取消勾选【使用原始列名作为前缀】复选框

此时，所有的工作表信息都在"Data"列之下。合并数据时，除了记录，其他信息无须重复保存，因此鼠标右键单击"Data"列标题，在弹出的快捷菜单中选择【删除其他列】命令（见图 2-101）。同时再次单击"Data"列标题右侧的按钮，在弹出的下拉菜单中取消勾选【使用原始列名作为前缀】复选框，即完成了汇总文件夹中所有工作表的操作（见图 2-102）。

图 2-101　删除其他列

图 2-102　删除其他列

至此，在【主页】选项卡中单击【关闭并上载】命令，将数据载入 Excel，根据需求在 Excel 中进行微调。

Power Query 中所有的操作均保留在界面右侧【应用的步骤】中，如果某个步骤出现错误，则可以在选择该步骤后，单击【叉号】图标删除，或者单击【齿轮】图标进行修改（见图 2-103）。

图 2-103　应用的步骤

2.9　数据分析的准备工作：Power Pivot 数据建模

Power Pivot 是较早就内置到 Excel 中的组件，Excel 2013 及以上版本都可以直接激活使用。运用 Power Pivot 对数据进行建模是开始数据分析前的重要准备工作之一，它可以用于创建数据模型、建立关系，以及创建计算等。

2.9.1　打开 Power Pivot

Power Pivot 并不像 Excel 中的其他功能，可以直接在常规选项卡中找到。

在任一选项卡上单击鼠标右键，在弹出的快捷菜单中选择【自定义功能区】命令，弹出【Excel 选项】对话框中的【自定义功能区】标签，勾选【开发工具】复选框并单击【确定】按钮（见图 2-104）。

图 2-104　调出【开发工具】选项卡

单击【开发工具】选项卡中的【COM 加载项】命令，弹出【COM 加载项】对话框，勾选【Microsoft Power Pivot for Excel】复选框，并单击【确定】按钮，就可以调出【Power Pivot】选项卡（见图 2-105）。

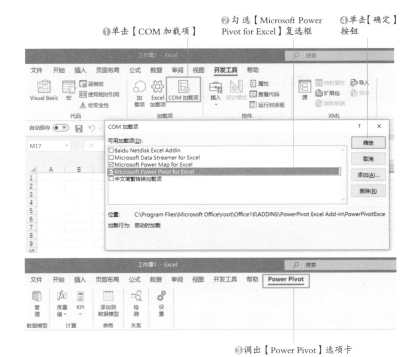

图 2-105　调出【Power Pivot】选项卡

在 Excel 中，可以通过两种方法将数据加载到 Power Pivot。一种方法是单击【Power Pivot】选项卡中的【管理】命令，进入 Power Pivot 界面后获取数据源；另一种方法是打开数据源，选中数据区域任一单元格后，单击【Power Pivot】选项卡中的【添加到数据模型】命令（见图 2-106）。

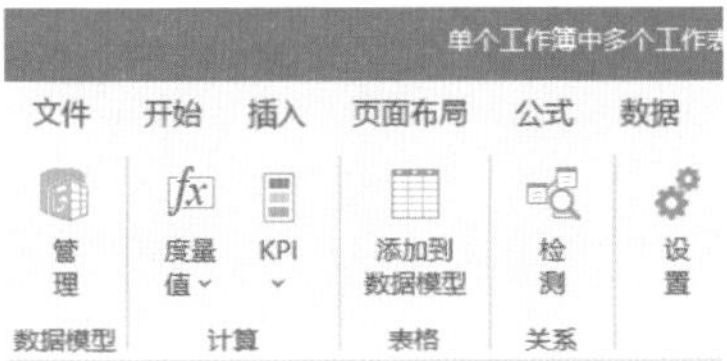

图 2-106　将数据载入 Power Pivot 中

2.9.2 利用 Power Pivot 建立数据模型

（1）单击【Power Pivot】选项卡中的【管理】命令进入 Power Pivot，可以根据目标数据的存储方式选择获取方式。比如，在打开的 Power Pivot 文件中选择【主页】选项卡的【从其他源】命令，在弹出的【表导入向导】对话框中选择【Excel 文件】，单击【下一步】按钮（见图 2-107）。

图 2-107　选择 Excel 文件

（2）单击【浏览】按钮选择目标文件，勾选【使用第一行作为列标题】复选框，单击【下一步】按钮（见图 2-108）。

（3）勾选需要建模的工作表名称，单击【完成】按钮，将数据载入 Power Pivot。如需确认工作表内容并对数据列进行筛选，则可以单击右下角【预览并筛选】按钮进入预览筛选界面（见图 2-109）。

图 2-108　勾选【第一行作为列标题】复选框

图 2-109　勾选载入的工作表名称

（4）数据载入成功之后，在【主页】选项卡中单击【关系图视图】命令，即可为工作表建立关系，以便从任何表中提取数据。需要注意的是，每个表都需要具有唯一字段，如用户 ID。

在关系视图下，通过拖曳相同的名称连接即可创建关系。例如，选择"区域划分"下的"城市"，将其拖曳到"业务明细"下的"城市"名称上，则二者关系创建成功。不过，"区域划分"下的"城市"列中，必须保证所有数值都是唯一存在的（见图 2-110）。

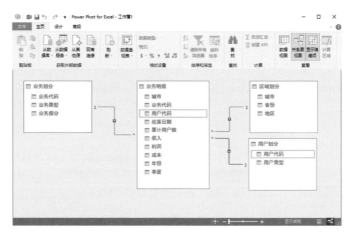

图 2-110　创建关系

（5）完成关系创建之后，单击【主页】选项卡中的【数据透视表】命令，弹出【数据透视表字段】对话框，就可以直接在数据透视表中调用其他表格的维度进行分析（见图 2-111）。例如，分析不同省份的收入，只需要选择"区域划分"中的省份及"业务明细"中的"收入"即可。

图 2-111　在 Power Pivot 中创建数据透视表

第 3 章

数据处理：做出一份领导满意的表格

3.1 数字格式，了解数字"不听话"的原因

一定有读者遇到过这样的情况：在 Excel 中输入完整的身份证号码，按下【Enter】键，原本输入的内容就发生了变化，这时再将输入的单元格数字格式修改为"文本"，也无法呈现出完整的身份证号码。

这其实是 Excel 为了保证计算精度，超过 11 位的数字会以科学记数的方式显示，超过 15 位后，超出的位数会变成 0。

如果只是单个单元格出现了错误，则可以直接重新输入，但是如果已经完成了一整列的数据输入，重新修改则增加了不必要的工作量。

避免出现这些问题的前提，是要了解 Excel 中的数字格式，根据需求选择正确的格式进行应用。

3.1.1 认识 Excel 数字格式

Excel 数字格式如表 3-1 所示。

表 3-1

数字格式	说明
常规	不包含任何特定的数字格式。在此格式下，单元格值就是输入的内容。当单元格的宽度无法显示完整的数字时，则对带小数点的数字通过四舍五入运算取整。同时，"常规"数字格式还对较大的数字（12 位或更多）使用"科学记数"格式
数值	表示一般数字。可以设置小数位数、是否使用千位分隔符及负数显示格式（是否带负号或标红）
货币	表示一般货币。货币和数字右对齐，可以选择货币符号、设置小数位数、是否使用千位分隔符及负数显示格式
会计专用	表示货币值。通常货币符号左对齐，数字右对齐，可对一列数值进行货币符号和小数点对齐，并选择货币符号

续表

数字格式	说明
日期	根据指定类型和区域设置（国家／地区），将日期存储为以 1 开头，依次递增 1 的序列号。例如，1900 年 1 月 1 日是序列号 1，当把该日期转换为数字时值为 1，且该序列号以天为单位递增
时间	根据指定类型和区域设置（国家／地区），将时间存储为小数分数，因为时间被视为一天的一部分。十进制数是范围从 0 到 0.999999999 的值，表示从 0：00：00（上午 12：00：00 到）到 23：59：59 (11：59：59 P.M.)。以 1900 年 1 月 1 日 0 为例，当它转化为数字时值为 1
百分比	将单元格中的数值乘 100，并以百分数的形式显示
分数	将单元格中的数值以分数形式表示，可以选择不同类型的分数形式
科学记数	将数值以科学记数法的形式进行表示，可以选择小数位
文本	在文本单元格格式中，数字也作为文本处理，无法进行运算。单元格显示的内容与输入的内容完全一致
特殊	特殊格式可用于跟踪数据列表及数据库的值。根据不同区域，Excel 提供了不同类型的特殊格式，以中国大陆为例，可以在特殊格式中将数值转换为邮政编码、中文小写数字、中文大写数字的格式
自定义	可在现有格式的基础上自定义数据格式

为了便于读者理解，这里以数字 23.4 为例，在 Excel 中展示不同数字格式的呈现结果，如图 3-1 所示。

为了避免在输入数据后因格式设置错误而导致数据出错，一定要记得在输入之前设置好需要填充的单元格格式。

数字格式	呈现结果
常规	23.4
数值	23.40
货币	¥23.40
会计专用	¥　23.40
日期	1900/1/23
时间	9:36:00
百分比	2340.00%
分数	23 2/5
科学记数	2.34E+01
文本	23.4
特殊	000023

图 3-1　不同数字格式的呈现结果

3.1.2 设置 Excel 数字格式

3.1.1 节介绍了 Excel 数字格式，下面介绍一下设置数字格式的方法。设置 Excel 数字格式的方法主要有以下 3 种。

方法一：在【开始】选项卡的【数字】组中，单击右下角的对话框启动器图标（见图 3-2），在弹出的【设置单元格格式】对话框的【数字】标签下选择相应的数字格式。

方法二：选中需要设置格式的单元格区域，单击鼠标右键，在弹出的快捷菜单中选择【设置单元格格式】命令（见图 3-3），弹出【设置单元格格式】对话框，在【数字】标签中选择数字格式。

图 3-2　【数字】组　　　图 3-3　鼠标右击设置单元格格式

方法三：选中需要设置格式的单元格区域，按快捷键【Ctrl+1】，同样可以调出【设置单元格格式】对话框。

🔍 小拓展

Excel 中存在的内容可以分为文本、数值和逻辑值（TRUE 和 FALSE）。逻辑值在 Excel 中很少直接输入，因此这里暂不详细讲解。

文本和数值这两种类型有不少读者经常混淆。当我们遇到数字无法被正确运算时，很可能是因为单元格被设置成了"文本"格式，而文本在 Excel 中是无法直接参与运算的。

最简单的区分方式就是，在默认状态下，单元格中右对齐显示的即为数字，左对齐显示的为文本。同时，文本格式的数据在单元格左上角还会有一个绿色小三角（见图 3-4）。

一旦以文本格式显示，之后再改变单元格的数字格式并不会对单元格值造成影响。

图 3-4　以文本形式存储的数字

3.2　自定义格式，从此数据乖乖"听话"

其实，Excel 中设置好的数字格式已经可以满足工作中的大部分需求，但是遇到需要在数字后加单位这种情况时应该怎么办呢？手动输入不仅效率太低，数字格式也会被修改为文本格式，无法进行运算。

有没有既能够为数字添加单位，同时保持数字格式不变，可以进行运算的方法呢？当然是有的，就在 Excel 的自定义格式中。

3.2.1　自定义格式的"四区段规则"

在 3.1 节的例子中，虽然我们为数字 23.4 设置了不同的数字格式，但在编辑栏中，单元格的数值始终没有发生变化。也就是说，数字格式修改的是数字在单元格中的呈现结果，而不会影响数值本身（见图 3-5）。

图 3-5　修改数字格式不影响数值本身

自定义格式是以现有格式为基础，根据设置规则生成的数字格式。若要创建自定义数字格式，需要在 Excel 内置的数字格式上修改代码。这样描述可能并不清晰，没关系，我们一步一步拆解。

以"数值"格式为例，在【设置单元格格式】对话框的【数字】标签下单击【数值】，将单元格的数字格式设置为"数值"，再单击【自定义】，会发现【类型】框中存在一串代码（见图 3-6）。

图 3-6　自定义数字格式

其实，Excel 的数字格式代码最多包含 4 个代码段，代码段之间以英文分号进行分隔。

4 个代码段按照顺序分别代表“正值；负值；零值；文本”。也就是说，每一段代码都表示不同数据类型（正值、负值、零值和文本）最终的格式。

首先在设置【单元格格式】对话框中选择“数值”格式的一种，再单击【自定义】，此时【类型】框中会出现一段当前选择的格式代码。在此基础上，我们按照“四区段规则”将原代码“0.00;[红色]-0.00”修改为“0.00;-0.00;;@”，所有相应类型的数据都会发生改变（见图 3-7）。

修改后的代码中，我们删除了负值代码段的颜色代码，负值的单元格值就会修改为默认颜色。在零值相应的代码段中，我们不输入任何内容，那么当输入数字 0 时，单元格就显示为空白。不过，我们可以发现，在编辑栏中依然能看到真实的单元格值（见图 3-8）。

原数值格式	修改后的数值格式
1.00	1.00
-1.00	-1.00
0.00	
文本	文本

图 3-7　相应类型的数据都会发生改变

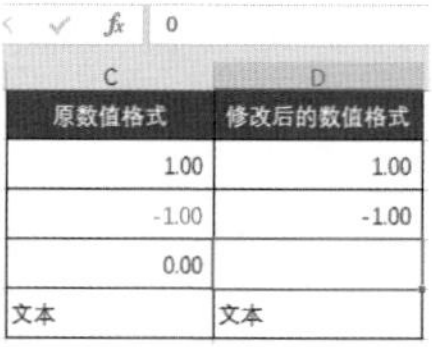

图 3-8　修改数字格式后，0 不显示

那么，数字格式中的“0”和“@”代表什么呢？这里就涉及“占位符”概念，第 3.2.2 节我们会介绍占位符。

小拓展

如果在自定义格式中只设置了两个代码段，那么第一个代码段的格式作用于正值和零值，第二个代码段作用于负值。如果只设置了一个代码段，则作用于所有数值类型（见表 3-2）。

表 3-2

使用区段数	作用范围
1	所有数值类型
2	1 区段作用于正数和 0，2 区段作用于负数
3	1 区段作用于正数，2 区段作用于负数，3 区段作用于 0
4	分别作用于正数、负数、0 和文本

3.2.2 自定义格式的 3 类占位符

不少读者在之前都没有了解过"基础占位符"，因为 Excel 已经设置好了足够多的数字格式供我们直接选择。但是，数字格式就是通过占位符的应用和修改而生成的。

Excel 的占位符主要分为 3 类，文本占位符、数字占位符和日期占位符。

1. 文本占位符

对初次接触占位符的读者来说，记住每一个占位符可能并不容易。

其实不用"死记硬背"，有一个小技巧可以帮我们快速找到不同类型的内容对应的占位符。

首先选择 Excel 的内置数字格式，将内置格式调整为最简洁或最接近需求的状态；再单击【设置单元格格式】对话框【数字】标签中的【自定义】，就可以了解当前数字格式类型中各区段对应的占位符。例如，将单元格值设置为"文本"格式，再单击【自定义】数字格式，【类型】框中的"@"符号就是文本占位符，代表当前单元格中的文本内容。

如果将占位符重复多次，就能够实现自动"复制"录入内容的效果（见图3-9）。

占位符	自定义格式	输入内容	显示结果
@	@	一周进步	一周进步
	@@	一周进步	一周进步一周进步

图 3-9 重复显示占位符

2. 数字占位符

数字占位符主要有 3 种，分别为"0""#""?"。尽管都代表了数字，但三者的使用有所差别（见图3-10）。

"0"占位符代表当前单元格的数字位数大于占位符时，显示实际键入数字。如果输入内容小于占位符的数量，则用 0 补充。小数点后的数字位数如果大于"0"的数量，则按"0"的位数四舍五入。

"#"占位符代表只显示有意义的 0，单元格数字位数小于占位符的数量时，依然显示实际键入数字。小数点后数字位数如果大于"#"的数量，则按"#"的位数四舍五入。

"?"占位符代表在小数点两边为无意义的 0 添加空格，补足占位符数量，以便在按固定宽度显示时，小数点可对齐。

占位符	自定义格式	输入内容	显示结果
0	0	1	1
		123	123
	0	1.3	1.3
		123.167	123.17
#	###	1	1
		123	123
	###.##	1.3	1.3
		123.167	123.17
?	???	1	1
		123	123
	???.??	1.3	1.3
		123.167	123.17

图 3-10 不同占位符的显示结果

3. 日期占位符

在【设置单元格格式】对话框的【数字】标签中，选择【日期】格式，再单击【自定义】，【类型】框中的"yyyy/m/d"代码就是日期格式的基本代码（见图 3-11）。

图 3-11 日期占位符

其中，"y"代表年份（Year），"m"代表月份（Month），"d"代表日期（Date）。在一些情况下，为了让数据显示得更加规整，月份和日期需要显示两位数。这时只需要在【类型】框中做一些小小的改动即可，如图 3-12 所示。

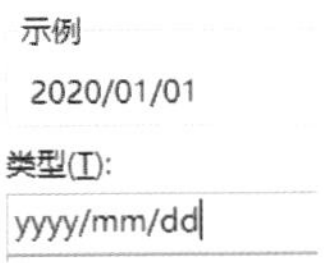

示例
2020/01/01

类型(<u>T</u>):

yyyy/mm/dd

图 3-12　修改日期代码

🔍 小拓展

基础占位符的含义和作用如表 3-3 所示。

表 3-3

符号	符号的含义和作用
#	数字占位符，只显示有效数字，不显示无意义的 0。小数点后的数字如果大于"#"的数量，则按"#"的位数四舍五入
0	数字占位符，当数字比代码数量少时，显示无意义的 0
?	数字占位符，与 0 很相似，使用"?"时以空格代替 0
@	文字占位符，单个"@"表示引用原始文本，多个"@"表示重复文本
!	强制显示下一个文本字符，可用于分号（；）、点号（.）、问号（？）等特殊符号的显示
*	重复下一个字符来填充列数
_	留出与下一个字符等宽的空格
条件值	设置条件时使用，一般由比较运算符和数值构成

了解了基础占位符，在自定义数字格式时，就能够更快写出符合需求的代码。

尽管占位符有很多种，但只要掌握了核心内容，再根据 Excel 自带的数据格式进行设置，就能够基本满足 99% 的需求，最重要的是善于观察和灵活运用。

3.2.3　自定义格式的实际应用

既然 Excel 已经设置好了那么多数字格式，为什么还要了解自定义格式的规则和设置？当然是因为自定义格式能够 DIY 出很多"花样"，让工作效率有质的提升和飞跃。

1. 为数据添加单位

为数据添加单位一直是令很多人头疼的数据录入问题之一。依次按照单元格顺序录入不仅速度慢，而且会直接导致将数据转化为文本格式，无法进行运算。

在 3.2.2 节，我们已经介绍了不同数字占位符的意义和差别，运用自定义格式就可以在数据后添加单位。

对初学者来说，如果对自定义格式使用不熟练，则可以先选中需要添加单位的数据列，打开【设置单元格格式】对话框中的【数字】标签，在已有数字格式中选择一个符合要求的，再在【自定义】中进行格式的修改。此时单击【自定义】，你会发现在【类型】框中默认出现一串代码，这串代码就是内嵌数字格式对应的代码。在代码之后直接输入单位"元"，记得加上英文双引号以免出错。

添加单位之后，单击【确定】按钮，原有的数值会快速而统一地修改为当前的格式，并且这样的修改不会影响到之后的运算（见图 3-13）。

图 3-13　通过自定义格式添加单位后，使用 SUM 函数也可以求和

2. 添加符号及修改颜色

为了让数据显示更加直观，添加升降符号或者用颜色做出区分能够帮助我们更快地判断数据变化的趋势。

尽管我们可以自行判断数据，并通过选择单元格直接修改字体颜色达到目的，但利用 Excel 的自定义数字格式功能，可以帮助我们降低出错概率。

在原有的数据格式中选择带有颜色的格式，观察图3-14所示的格式代码，[红色]代表负值代码段已添加颜色规则。

图 3-14　格式代码

当正值代码段也需要添加颜色时，只需要仿照或复制已有的颜色代码在第一个代码段中输入内容即可。添加颜色规则之后，分别为两个代码段输入对应的符号，就完成了添加符号和修改颜色的操作，数据变化一目了然（见图 3-15）。

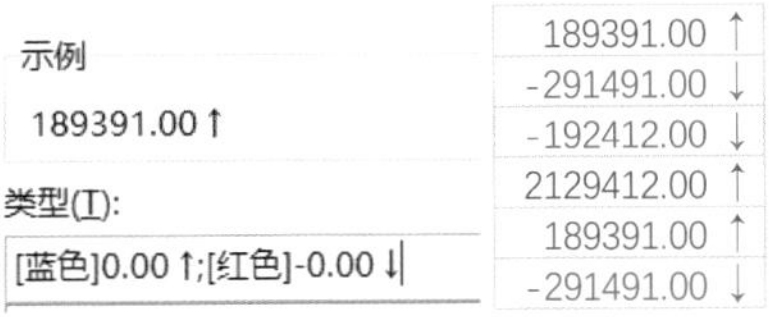

图 3-15　通过代码段修改数字格式

在自定义格式中，附加条件都需要使用英文状态下的方括号"[]"。Excel

能够直接识别的颜色名称有 [黑色]、[蓝色]、[青色]、[绿色]、[洋红]、[红色]、[白色]、[黄色] 共 8 种，其他颜色则需要输入对应的颜色代码才能被识别。在需要更多颜色时，我们可以直接通过搜索引擎搜索得到，善于使用搜索引擎亦是高效工作的"秘密"之一。

3. 自定义格式中的"条件判断"

自定义格式的附加条件规则除了可以用于修改颜色，还可以帮助我们判断数据。举个例子，在某场会议之后，领导要求将各位嘉宾的出勤情况做成签到表，并打印用于存档。此时，如何才能快速在 Excel 中输入√或 × 呢？

通过自定义格式，我们只需要为单元格中的内容设置一个简单的条件"[=1] √ ;[=0]×"，就可以完成以上操作需求。这段代码意味着，当输入 1 时显示√，输入 0 时显示 ×。设置好条件格式，只需要输入数字 1 或者 0，Excel 就会快速将数字转化为我们想要的符号（见图 3-16）。

图 3-16　通过自定义格式完成条件判断

更加复杂的条件判断可以通过之后的学习使用条件格式或函数完成。自定义格式还可以有更多用途，值得我们探究。

3.3　格式转换，给你的数据加上单位

3.3.1　格式转换的两种方法

在了解 Excel 数字格式和基础占位符等内容之后，就可以实现不同数据的格式转换。

方法一

让我们重新回顾一下数字格式的设置方式：选中需要修改格式的单元格区域，在【开始】选项卡的【数字】组中，单击下拉菜单选择想要更改的数据格式；或选中想要转换格式的单元格，单击鼠标右键，在弹出的快捷菜单中选择【设置单元格格式】命令进行修改。

方法二

除了选中单元格修改格式，还可以通过 TEXT 函数将单元格值转换为特定格式的文本（见图 3-17）。

图 3-17 TEXT 函数的含义

TEXT 函数中包含两个参数，TEXT(value, format_text)（见图 3-18）。

其中，value 为数值类型（包括日期、货币、分数、小数，以及能够求数值的公式等，或者是对数值单元格的引用），format_text 则为想要生成特定格式的文本内容（数字格式代码）。

图 3-18 TEXT 函数的应用

不过，学会了自定义数字格式，还有必要学习 TEXT 函数的应用吗？在解开这个疑惑之前，我们不妨先深入学习一下 TEXT 函数的相关知识点。

3.3.2 利用 TEXT 函数将数值转换为特定格式

TEXT 函数的部分用法和自定义数字格式的操作是相似的，因为 TEXT 函数的第 2 个参数可以直接设置为"特定的数字格式"，而第 1 个参数除了可以引用单元格内容，还可以进行运算，操作步骤如下。

1. 修改数值格式为文本

在 Excel 工作簿中，并非所有数字都需要以数值格式存储。如图 3-19 所示，选择"订单 ID"列，在 J2 单元格中输入公式 =TEXT(I2 ,"@")，就意味着将 I2 单元格中的数值修改为文本格式，再双击鼠标向下填充公式，一整列数据都可以快速完成修改。

2. 计算后修改格式

TEXT 函数的第 1 个参数，除了引用单元格，还可以输入公式进行运算，在一个公式中搞定计算和格式修改两个步骤。

在第 1 个参数中使用 SUM 函数进行求和，在第 2 个参数中设置格式，求和及添加单位的操作在一个步骤中就完成了，之后双击鼠标填充整列进行修改（见图 3-20）。

图 3-19　运用 TEXT 函数修改格式　　　　图 3-20　运用 TEXT 函数计算并修改格式

了解基本的数字格式，再通过 TEXT 函数嵌套，任何格式的修改都能得心应手。

3.3.3　利用 TEXT 函数进行条件判定

说起条件判定，很多人的第一反应都是使用 IF 函数。不过，IF 函数的逻辑和嵌套不少读者还有些模糊，事实上，TEXT 函数也可以完成条件判定，并且不需要重复嵌套函数。

如图 3-21 所示，需要根据 3 个规则对每位学生的成绩进行等级评估。

姓名	学号	语文成绩	等级
珞珈	00812	84	
大西萌	00814	73	
若梦	00815	68	
丽诗	00813	59	
周瑜	00811	87	

规则：
成绩：X>=85分为"优秀"
成绩：60<=X<85为"良好"
成绩：X<60分为"不合格"

图 3-21　条件判断要求

如果使用 IF 函数完成，则需要完成两个函数的嵌套。在 TEXT 函数中，我们只需要在第 2 个参数完成判断（见图 3-22）。

E2　　　　=TEXT(D2,"[>=85]优秀;[>=60]良好;不合格")

	B	C	D	E	F	G
1	姓名	学号	语文成绩	等级		规则：
2	珞珈	00812	84	良好		成绩：X>=85分为"优秀"
3	大西萌	00814	73	良好		成绩：60<X<85为"良好"
4	若梦	00815	68	良好		成绩：X<60分为"不合格"
5	丽诗	00813	59	不合格		
6	汪沛	00811	87	优秀		

图 3-22　运用 TEXT 函数进行条件判定

在 3.2.3 节中，我们学习过，数字格式中的附加条件需要使用英文方括号"[]"，同时，代码段之间需要通过英文分号"；"分隔。理解了这两个规则，就可以对 TEXT 函数的条件判定规则一目了然。

3.4　数据验证，为你的数据输入上"保险"

作为收集整理数据的人，经常难免被一个问题困扰：分发下去的工作表，每位同事录入的格式都不一样，甚至还有遗漏和错误，这可怎么办呢？

掌握好数据验证功能（Excel 2013 之前版本中称为"数据有效性"），就可以事半功倍。

3.4.1　快速了解数据验证功能

事后检查核对不如事前一步到位，将时间和精力用在"刀刃"上，减少重复无用功。

1. 限制格式和区间

选择目标单元格区域，单击【数据】选项卡中的【数据验证】命令，弹出【数据验证】对话框（见图 3-23）。

图 3-23　打开【数据验证】对话框

数据验证功能主要包含目标区域的限制条件、数据录入前的提醒、数据录入后的出错警告，以及当前位置的输入法模式。

想要为输入的内容带上"紧箍咒"，就要先了解限制条件的设置。

在【验证条件】中，可以分别对整数、小数、日期、时间和文本长度等类型的数据进行限制（见图 3-24）。

图 3-24　验证条件

比如，要设置单元格中只能输入整数，并且数据区间为 1~1000。在设置了限制条件之后，手动录入的数据如果超出了限制范围，Excel 就会自动弹出"出错警告"（见图 3-25）。

图 3-25　设置条件验证及结果提醒

限制输入格式和区间，更常用于对输入的日期进行验证，以保证日期格式输入的规范化。

2. 制作下拉列表

虽然可以通过数据验证功能限制填写的范围，但失误还是不可避免的，难道每一次都只能在发现错误之后再修改吗？当然不，如果录入的内容范围相对有限，还可以通过制作"下拉列表"来规范录入的信息。

首先，新建工作表，将需要录入的内容存储在单独的工作表中。然后，选择单元格目标区域，单击【数据】选项卡中的【数据验证】命令，弹出【数据验证】对话框，在【验证条件】中选择【序列】，输入需要限定的内容，内容与内容之间用英文半角逗号进行分隔。最后单击【确定】按钮（见图 3-26）。

图 3-26　输入序列选择内容

如果需要限定的内容较多，则可以先在工作表中输入内容，然后在【数据验证】对话框的【来源】框中直接通过鼠标框选区域（见图 3-27）。

图 3-27　选择数据来源

单击【确定】按钮后，创建规则的单元格右侧会出现下拉箭头，可以直接从下拉列表中选择输入内容，也可以手动输入（见图 3-28）。

当输入内容并非是限定的内容时，则会出现"此值与此单元格定义的数据验证限制不匹配"的提示。

图 3-28　下拉列表制作完成

如果需要修改填写内容，则在【数据验证】对话框中重新选择数据来源。

3.4.2 两步录入身份证号码

录入身份证号码时最头疼的两个问题：第一，常规格式下录入的数据会自动转变为"科学记数"格式，并且后三位数字会变成 0；第二，手动录入身份证号码时很容易遗漏或者多录入个别数字，手动计数或者人工核对都太麻烦了（见图 3-29）。

C	D
姓名	身份证号码
大西萌	1.23457E+17
若梦	7.67947E+17

图 3-29 常规格式下录入身份证号码

其实，这两个问题，Excel 都可以帮我们做到防患于未然。

1. 设置数字格式

首先选中目标单元格区域，在【开始】选项卡的【数字】组中，单击【数字格式】下拉箭头，在弹出的下拉菜单中选择【文本】，这样就不用担心 Excel "自作聪明"地修改数据了（见图 3-30）。

对数据格式设置还不清楚的读者，可以回到 3.1 节和 3.2 节进行复习。

2. 设置文本长度

在保证单元格格式正确，数值不被修改的情况下，Excel 可以帮助我们检查数字位数吗？当然可以。

选中目标单元格区域，单击【数据】选项卡中的【数据验证】命令，弹出【数据验证】对话框，在【验证条件】中设置允许"文本长度等于 18"（见图 3-31）。

除了等于，还有以下条件：介于、未介于、等于、不等于、大于、小于、大于或等于、小于或等于，读者可以根据实际情况进行设置。

图 3-30 选择文本格式

图 3-31 设置文本长度

单击【确定】按钮，Excel 会自动判断单元格值的位数。只有键入的数值位数等于 18 位才能成功保存数据，否则，在位数大于或小于 18 位的情况下，Excel 都会弹出如图 3-32 所示的提示框。

图 3-32 文本长度超出限制时的错误提醒

学会这两个小技巧，再多数据都可以"键入"如飞了。例如，准考证号、学号等长度固定的数值，为确保输入内容格式统一，使用数据验证功能可以限制输入的长度。

3.4.3　轻松搞定"出错警告"

搞定文本长度的设置之后，还有一个小问题。虽然 Excel 会在录入的值不符合位数要求时弹出警告信息，但是怎么才能让其他同事一看到警告信息就知道问题出在哪里了呢？

这就轮到"出错警告"上场了。

单击【数据】选项卡中的【数据验证】命令，弹出【数据验证】对话框，切换到【出错警告】标签，勾选【输入无效数据时显示出错警告】复选框，可以对【出错警告】的符号样式和文字内容进行自定义。

在【标题】和【错误信息】框中输入提醒信息，单击【确定】按钮（见图 3-33）。

有了相应的文字提醒，找出错误根源就简单多了，哪怕出错，也能够马上根据提示修改内容（见图 3-34）。

图 3-33　设置出错警告　　　　　　　图 3-34　出错警告信息

小技巧

在出错警告的设置中，共有停止、警告和信息 3 种样式可供选择（见图 3-35）。

（1）选择【停止】样式，当录入的单元格值与【数据验证】中的条件不匹配时，录入的数据将无法被保存（见图 3-36）。

图 3-35　出错警告样式　　　　　　　　图 3-36　停止样式

（2）选择【警告】样式，当录入的单元格值与【数据验证】中的条件不匹配时，只要单击【是】按钮即可继续保存内容（见图 3-37）。

（3）选择【信息】样式，当录入的单元格值与【数据验证】中的条件不匹配时，单击【确定】按钮即可保存，仅作为提示信息弹出提醒（见图 3-38）。

图 3-37　警告样式　　　　　　　　　图 3-38　信息样式

数据验证只对在设置完成后手动录入的数据起作用，已经录入和通过复制粘贴输入的数据不会受到限制。

为了确保工作表中的数据符合条件，在全部数据录入完毕后，还可以通过【数据验证】下拉菜单中的【圈释无效数据】命令再次验证，与验证条件不符的数据都会被圈出（见图 3-39）。

图 3-39　圈释无效数据

3.5　条件格式，快速选择你想要的数据

3.5.1　自定义数据突出显示异常数据

作为销售人员，要时刻关注部门各产品的销量与收益，并对销售策略做出相应调整。作为讲师，则需要关心每位学生的成绩情况。那么，在众多数据之中，如何才能快速捕捉异常的数值？当然是让异常数据自动现出原形。

认真学习了 3.2.3 节知识点的读者会说：可以通过设置【自定义数据格式】（见图 3-40），为低于标准的单元格特别标注颜色和符号。这是一个 70 分的答案。因为比起仅仅使用数字和文字，突出显示的单元格更加明显，能够快速吸引注意力。

姓名	语文	数学	英语	计算机	总分数
大西萌	95	59	96	98	合格
若梦	86	72	93	90	合格
珞珈	70	70	82	55	不合格↓
周瑜	84	71	64	90	不合格↓
丽诗	98	64	87	99	合格

图 3-40　使用【自定义数据格式】突出异常值

使用条件格式功能，可以运用颜色、图标等元素，展示出直观的可视化效果，让所有异常数据一目了然（见图 3-41）。

姓名	语文	数学	英语	计算机	总分数
大西萌	95	59	96	98	● 348
若梦	86	72	93	90	● 341
珞珈	70	70	82	55	● 277
周瑜	84	71	64	90	● 309
丽诗	98	64	87	99	● 348

图 3-41　使用条件格式突出异常值

3.5.2　单元格规则突出显示特定值

单击【开始】选项卡【样式】组中【条件格式】的下拉箭头，在下拉菜单中可以看到所有基本规则。使用条件格式可以帮助我们直观地查看和分析数据，发现关键问题及判断趋势（见图 3-42）。

【突出显示单元格规则】和【最前 / 最后规则】都是通过修改字体格式或单

元格格式，使满足规则的单元格突出显示的。

在【突出显示单元格规则】选项，可以突出显示大于、小于、介于、等于、文本包含某一内容的单元格，也可以对日期格式的单元格进行比较和突出显示，还可以标记显示重复值。在选定规则设置参数后直接应用，符合条件的区域单元格格式将依照设置发生改变（见图 3-43）。

图 3-42　条件格式　　　　图 3-43　突出显示单元格规则

例如，在学生成绩单中，需要快速标出每位学生不合格的科目，可以通过【小于】命令完成。

选择所有科目的成绩，在【条件格式】下拉菜单中选择【突出显示单元格规则—小于】命令，弹出【小于】对话框，输入判断条件【60】，在【设置为】框中选择一种单元格格式，单击【确定】按钮（见图 3-44）。

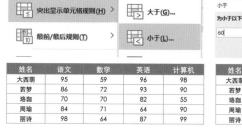

图 3-44　设置突出显示单元格规则

3.5.3 最前 / 最后规则突出极端值

利用【条件格式】下拉菜单中的【最前 / 最后规则】命令，可以突出显示表格中的极端值，适用于突出显示排名靠前或者靠后的数据。此外，这一功能也可以快速完成数据和平均值的比较（见图 3-45）。

在计算出每位学生的总分数之后，有什么方式可以自动计算并标记出那些总分低于平均分的学生呢？

首先，选中"总分数"列，选择【条件格式—最前 / 最后规则—低于平均值】命令，数据列中所有低于总分平均值的单元格都会应用所选的格式（见图 3-46）。

图 3-45　最前 / 最后规则　　图 3-46　快速高亮低于平均值的数据

怎样快速锁定总分排名前三的学生分数？选择【最前 / 最后规则】中的【前10 项】命令，在弹出的【前 10 项】对话框中修改条件为【3】，在【设置为】框中选定一种目标格式，单击【确定】按钮（见图 3-47）。

图 3-47　快速高亮排名前三的分数

除了修改单元格格式，条件格式还能够运用图形元素标示数据，让数据呈现更加直接、丰富。

3.5.4 数据条凸显对比效果

数据条可以为选中的数据列按照单元格值生成数据条。数据条越长，表示值越大；数据条越短，表示值越小（见图 3-48）。

当数据列同时存在正值和负值时，可以通过设置数据条的格式，使数据条从单元格中间开始，正值向右，负值向左，呈现反向对比的效果（见图 3-49）。

月份	2019年销量	2020年销量
1	178	158
2	516	489
3	349	370
4	187	143
5	237	249
6	288	265
7	338	327
8	276	240

图 3-48　添加数据条

月份	2019年销量	2020年销量	同比差异
1	178	158	20
2	516	489	27
3	349	370	-21
4	187	143	44
5	237	249	-12
6	288	265	23
7	338	327	11
8	276	240	36

图 3-49　反向对比数据条

单击【开始】选项卡【样式】组中的【条件格式】命令，在弹出的下拉菜单中选择【数据条—其他规则】命令。弹出【新建格式规则】对话框，在【编辑规则说明】下，将数据条的最小值从【自动】改为【最低值】，最大值从【自动】改为【最高值】，同时单击【负值和坐标轴】按钮。在弹出的【负值和坐标轴设置】对话框中设置对应的格式（见图 3-50）。

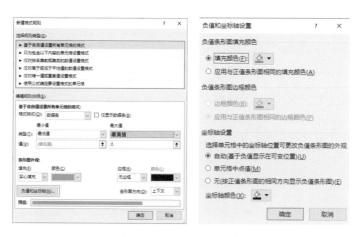

图 3-50　设置反向对比数据条

3.5.5　色阶展示数据的变化

色阶作为一种直观的指示，可以直观展示数据分布和变化。选择两种或三种颜色的渐变来展示数据的变化，颜色的深浅表示值的高、中、低。例如，通过色阶呈现一年当中的温度变化情况。颜色越偏向于红色，表示温度越高；颜色越偏向于蓝色，表示温度越低（见图 3-51）。

月份	1月	2月	3月	4月	5月	6月	7月	8月	9月	10月	11月	12月
日均气温	-9	-6	0	8	14	28	30	27	23	18	7	-6

图 3-51　添加色阶

在【新建格式规则】对话框的【编辑规则说明】下还可以选择色阶类型和填充颜色。当【格式样式】选择【三色刻度】时，可以设置中间值改变颜色填充效果，使呈现的最终效果更加符合预期（见图 3-52）。

图 3-52　设置三色刻度

3.5.6　图标集注解数据趋势

除了以上几种表现方法，条件格式还可以用不同的图标为数据注解，使图表更加生动、直观。Excel 中提供的图标可以将数据分为 3 ～ 5 个类别，每个图标代表一个值的范围。

在【条件格式】下拉菜单中选择【图标集】命令，会出现可以设置的图标（见图 3-53）。

以销售额的比较为例，选中数据列，单击【开始】选项卡【样式】组中的【条件格式】命令，在弹出的下拉菜单中选择【图标集】命令，根据实际情况选择最符合的图标，就可以看出数据的

图 3-53　图标集

趋势变化（见图3-54）。

观察后会发现，4月份同比增减为0，但在结果中出现的是上升趋势的图标。为什么图标不以0为分界点，正值显示向上，负值显示向下呢？

	2015年	2016年	同比增减
1月份	2937	2414	➡ - 0.18
2月份	2387	1409	⬇ - 0.41
3月份	3018	3508	⬆ 0.16
4月份	2241	2241	⬆ 0.00
5月份	1997	1342	⬇ - 0.33
6月份	4082	4792	⬆ 0.17

图 3-54　添加图标集

这是因为图标集默认数据区域内的最大值和最小值为左右顶点，而根据数据区域中的大小值计算后的中间值才是我们理解的"零点"，因而可能出现与期望不相符的结果。

选择【图标集—其他规则】命令，在弹出的【新建格式规则】对话框的【编辑规则说明】下选择【类型】为【数字】，将【值】修改为【0】，Excel就会以0为分界点调整图标（见图3-55）。

图 3-55　修改图标集数值

需要注意的是，在设置不同类别的区间时，同一个数值不能同时被多个取值范围包含，取值范围也只能按照从大到小或者从小到大设置，否则图标可能无法正确显示。

当0包含于两个取值范围内时，图标显示错误（见图3-56）。

图 3-56　错误示范

3.6 规则管理器，让你成为制定规则的人

除了应用默认的格式，Excel 还能够自定义新规则或者管理已创建的规则，方便我们根据实际情况更改设置。

3.6.1 新建自定义规则

（1）选中要设置格式的单元格，单击【开始】选项卡【样式】组中的【条件格式】命令。在弹出的下拉菜单中选择【新建规则】命令（见图 3-57）。

（2）在弹出的【新建格式规则】对话框中的【选择规则类型】下选择规则类型，在【编辑规则说明】下设置具体的参数，自行创建规则并指定格式选项，随后单击【确定】按钮（见图 3-58）。

图 3-57　新建规则

选择规则类型(S)：

▶ 基于各自值设置所有单元格的格式
▶ 只为包含以下内容的单元格设置格式
▶ 仅对排名靠前或靠后的数值设置格式
▶ 仅对高于或低于平均值的数值设置格式
▶ 仅对唯一值或重复值设置格式
▶ 使用公式确定要设置格式的单元格

编辑规则说明(E)：

基于各自值设置所有单元格的格式：

格式样式(O)：	双色刻度	
	最小值	最大值
类型(T)：	最低值	最高值
值(V)：	(最低值)	(最高值)
颜色(C)：		

预览：

确定　　取消

图 3-58　创建新规则

（3）在每一个默认规则的最下方，都有【其他规则】选项，通过【其他规则】命令进入对话框即可在现有规则的基础上进行修改（见图 3-59）。

图 3-59　其他规则

举例：在比较 2019 年和 2020 年的销量时，怎样才能够做出旋风图的效果呢？

选中"2019 年销量"和"2020 年销量"两列数据，单击【开始】选项卡中的【数据条】命令，在下拉菜单中选择一种数据条样式。只有同时选中并应用同一个规则，数据条才会依照同一维度生成。

应用完成后选择"2019 年销量"列，选择【数据条—其他规则】命令，弹出【新建格式规则】对话框，设置【条形图方向】为【从右到左】，单击【确定】按钮就可以得到旋风图效果（见图 3-60 ）。

月份	2019年销量	2020年销量
1	178	158
2	516	489
3	349	370
4	187	143
5	237	249
6	288	265
7	338	327
8	276	240

图 3-60　设置旋风图

如果在首次应用规则时，两列数据分别应用数据条规则，则数据条会以当前数据区域的最大值作为端点（见图 3-61 ）。

在分别应用数据条规则时，两个年份中，516 和 489 的数据条长度几乎一致。

为了统一数据条的长度标准，我们可以选择"2019 年销量"列，通过【条件格式—管理规则】命令，在弹出的【条件规则管理器】对话框中，双击已有规则进入相应对话框修改最大值。

2019年销量	2020年销量
178	158
516	489
349	370
187	143
237	249
288	265
338	327
276	240

图 3-61　分别应用数据条规则

3.6.2　清除规则

如果不想让 Excel 根据设置的条件显示，则选择已经应用规则的数据区域，在【条件格式—清除规则】菜单中选择相应命令即可。

清除规则共有 4 个选项，分别为【清除所选单元格规则】、【清除整个工作表的规则】、【清除此表的规则】、【清除此数据透视表的规则】。默认状态只能选择前两项，第三项、第四项只有当工作表中有插入的表格（注：此表格并非 Excel 工作表，而是单击【插入】选项卡【表格】组中的【表格】命令创建的表格）或当数据透视表被选中时，才能单击。

3.6.3　管理规则

对于已经创建的规则，可以通过【条件格式—管理规则】命令进入【条件格式规则管理器】对话框，统一查看规则创建的顺序，以及规则所对应的格式、作用的区域等。在【条件格式规则管理器】对话框中，能够新建、编辑、删除规则，同时还能为规则调整先后顺序（见图 3-62）。

图 3-62　管理规则

3.7　表格美化，帮你的 Excel 表格 "化个妆"

表格美化这件事儿，不少人都不太在意，仅仅把Excel当作数字记事本，所以，职场中我们经常见到如图 3-63 所示的表格。

邮政编码	销售人	订单ID	产品ID	产品名称	单价	数量	折扣		总价	运货费
C74C74	王伟	102C3	31	温馨奶酪	10	20	0		200	C8.17
C74C74	王伟	102C3	30	运动饮料	14.4	42	0		C04.8	C8.17
C74C74	王伟	102C3	40	薯条	1C	40	0		C40	C8.17
C7C000	李承	10248	17	猪肉	14	12	0		1C8	32.38
C7C000	李承	10248	42	糙米	0.8	10	0		08	32.38
C7C000	李承	10248	72	酸奶酪	34.8	C	0		174	32.38
C08018	王伟	102C1	22	糯米	1C.8	C	0.0C0000001		0C.7C	41.34
C74C74	郑建杰	102C0	41	虾子	7.7	10	0		77	CC.83
C74C74	郑建杰	102C0	C1	猪肉干	42.4	3C	0.1C000000C		12C1.4	CC.83
C08018	王伟	102C1	C7	小米	1C.C	1C	0.0C0000001		222.3	41.34
C08018	王伟	102C1	CC	海苔酱	1C.8	20	0		33C	41.34
C74C74	郑建杰	102C0	CC	海苔酱	1C.8	C	0.1C000000C		214.2	CC.83
0C0337	郑建杰	102C2	20	桂花糕	C4.8	40	0.0C0000001		24C2.4	C1.3

图 3-63　常见记录表

"Excel 只是用于记录的，信息齐全就行，美不美化的，问题不大。"如果你也有这样的想法，就需要给自己敲响警钟！

事实上，没有经过美化的表格很容易显得杂乱无章，让人提不起阅读的兴趣。如果领导想要了解数据，看到的表格却如此"朴素"，心情可想而知。

究竟怎么才能让表格清晰简洁又能提高阅读的兴趣呢？本节内容你可得好好学习。

3.7.1　设置单元格格式

在【设置单元格格式】对话框中，不仅可以修改数据的格式，还可以对单元格的样式进行修改（见图 3-64）。

图 3-64　设置单元格格式

【对齐】标签：设置单元格内文本对齐方式，还可以对文本进行控制，选择文本方向等（见图 3-65）。

文本对齐方式

水平对齐(H)：

常规　　　∨　　缩进(I)：

垂直对齐(V)：

居中　　　∨　　0

☐ 两端分散对齐(E)

文本控制

☐ 自动换行(W)

☐ 缩小字体填充(K)

☐ 合并单元格(M)

从右到左

文字方向(T)：

根据内容　　∨

图 3-65　【对齐】标签

【字体】标签：设置单元格内文本的字体样式，包括字体、字形、字号、颜色、下画线、特殊效果等（见图 3-66）。

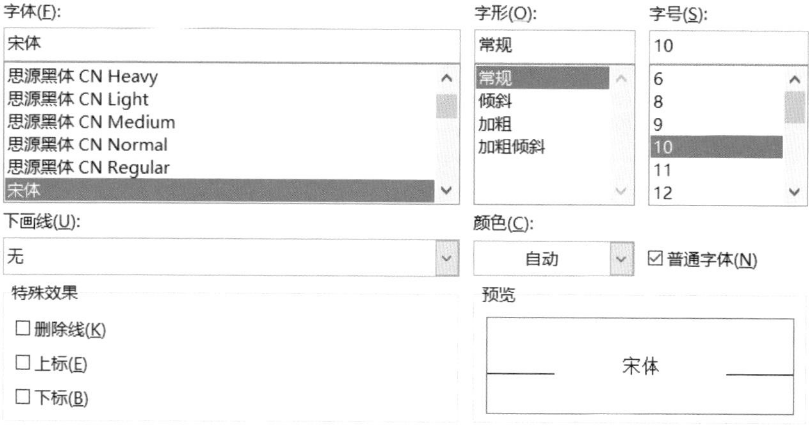

字体(F)：

宋体

思源黑体 CN Heavy
思源黑体 CN Light
思源黑体 CN Medium
思源黑体 CN Normal
思源黑体 CN Regular
宋体

字形(O)：

常规

常规
倾斜
加粗
加粗倾斜

字号(S)：

10

6
8
9
10
11
12

下画线(U)：

无

颜色(C)：

自动　　∨　　☑ 普通字体(N)

特殊效果

☐ 删除线(K)

☐ 上标(E)

☐ 下标(B)

预览

宋体

图 3-66　【字体】标签

【边框】标签：设置单元格的边框样式，包括框线样式、框线位置、框线颜色等（见图 3-67）。

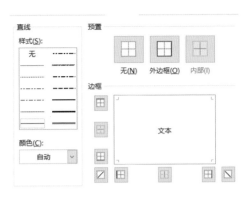

图 3-67 【边框】标签

【填充】标签：设置单元格的填充样式，包括背景色、填充图案颜色等（见图 3-68）。

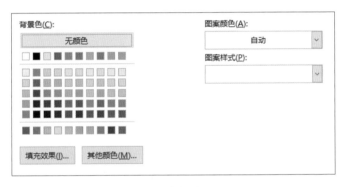

图 3-68 【填充】标签

【保护】标签：设置锁定单元格或隐藏公式，但要在"保护工作表"后才有效（见图 3-69）。

图 3-69 【保护】标签

在了解了设置单元格格式的基本内容之后，要如何将其应用到表格之中呢？

按快捷键【Ctrl+A】全选数据区域，或者单击 A1 单元格左上角，也就是行列相交的地方，选中整张表格（见图 3-70）。

A1			f_x	邮政编码					
	A	B	C	D	E	F	G	H	I	J
1	邮政编码	销售人	订单ID	产品ID	产品名称	单价	数量	折扣	总价	运货费
2	674674	王伟	10253	31	温馨奶酪	10	20	0	200	58.17
3	674674	王伟	10253	39	运动饮料	14.4	42	0	604.8	58.17
4	674674	王伟	10253	49	薯条	16	40	0	640	58.17
5	575909	李承	10248	17	猪肉	14	12	0	168	32.38
6	575909	李承	10248	42	糙米	9.8	10	0	98	32.38
7	575909	李承	10248	72	酸奶酪	34.8	5	0	174	32.38

图 3-70　选中整张表格

完成数据区域的选择后，单击鼠标右键，在弹出的快捷菜单中选择【设置单元格格式】命令（快捷键【Ctrl+1】）。在弹出的【设置单元格格式】对话框中可以选择功能标签。在【字体】标签下，修改字体和字号，右下角可以实时预览设置效果（见图 3-71）。

图 3-71　修改字体

完成字体的修改之后，再对表格的数字格式和边框样式进行设置，使工作表中的数据更加整洁（见图 3-72）。

邮政编码	销售人	订单ID	产品ID	产品名称	单价	数量	折扣	总价	运货费
674674	王伟	10253	31.00	温馨奶酪	10.00	20.00	0.00	200.00	58.17
674674	王伟	10253	39.00	运动饮料	14.40	42.00	0.00	604.80	58.17
674674	王伟	10253	49.00	薯条	16.00	40.00	0.00	640.00	58.17
575909	李承	10248	17.00	猪肉	14.00	12.00	0.00	168.00	32.38
575909	李承	10248	42.00	糙米	9.80	10.00	0.00	98.00	32.38
575909	李承	10248	72.00	酸奶酪	34.80	5.00	0.00	174.00	32.38
598018	王伟	10251	22.00	糯米	16.80	6.00	0.05	95.76	41.34

图 3-72　表格效果

整体设置完成，为了突出标题行的内容，可以再选择标题设置填充色和字体，让重要内容突出显示，呈现更好的阅读效果（见图 3-73）。

邮政编码	销售人	订单ID	产品ID	产品名称	单价	数量	折扣	总价	运货费
674674	王伟	10253	31.00	温馨奶酪	10.00	20.00	0.00	200.00	58.17
674674	王伟	10253	39.00	运动饮料	14.40	42.00	0.00	604.80	58.17
674674	王伟	10253	49.00	薯条	16.00	40.00	0.00	640.00	58.17
575909	李承	10248	17.00	猪肉	14.00	12.00	0.00	168.00	32.38
575909	李承	10248	42.00	糙米	9.80	10.00	0.00	98.00	32.38
575909	李承	10248	72.00	酸奶酪	34.80	5.00	0.00	174.00	32.38
598018	王伟	10251	22.00	糯米	16.80	6.00	0.05	95.76	41.34

图 3-73　突出标题行

难道单元格格式只能自行设置吗？有没有更加快捷的方式？那是当然。Excel 准备了多种样式主题以供选择，下面逐一介绍。

3.7.2　套用单元格样式

选中想要设置的单元格，在【开始】选项卡的【样式】组中单击【单元格样式】命令，在弹出的下拉菜单中选择想要的样式，单击就可以直接应用（见图 3-74）。

图 3-74　套用单元格样式

3.7.3　自定义单元格样式

选中想要设置的单元格，在【开始】选项卡的【样式】组中单击【单元格样式】命令，在下拉菜单中选择【新建单元格样式】命令，在弹出的【样式】对话框中单击【格式】按钮进入【设置单元格格式】对话框（见图 3-75）。

具体设置方法可以回顾 3.7.1 节的知识点，完成后单击【确定】按钮即可保存应用。

图 3-75　新建单元格样式

【新建单元格样式】和通过鼠标右键选择【设置单元格格式】命令的差别在于，在【单元格样式—新建单元格样式】命令下创建的新样式将会被保存，因此可以直接选择应用而不需要使用格式刷，并且可以多次重复利用（见图 3-76）。

图 3-76　保存为样式

3.7.4　套用表格格式

选中想要套用格式的表格区域，在【开始】选项卡的【样式】组中单击【套用表格格式】命令，在弹出的下拉菜单中，单击想要的样式（见图 3-77）。

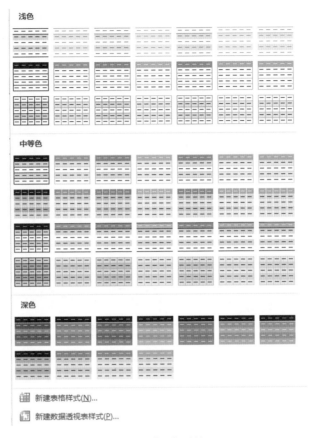

图 3-77　套用表格样式

　　套用表格格式，不仅能使数据区域更加美观，还可以将普通数据区域转化为智能表格（超级表，快捷键为【Ctrl+T】），后续录入数据时也能自动应用表格格式。

3.7.5　自定义表格样式

　　在【开始】选项卡的【样式】组中单击【套用表格格式】命令，在弹出的下拉菜单中，选择【新建表格样式】或【新建数据透视表样式】命令（见图 3-78）。

图 3-78　自定义表格样式

如果单击【新建表格样式】命令，则会弹出【新建表样式】对话框，可以为表样式命名，并选择不同的表元素设置格式（见图 3-79）。

图 3-79　新建表样式

设置完成后，选中想要设置格式的表格区域，再单击【套用表格格式】命令，新建的样式就会出现在自定义格式中。

如果需要调整自定义的表格样式，则单击鼠标右键，在弹出的快捷菜单中选择【修改】命令，即可重新进入【新建表样式】对话框（见图 3-80）。

图 3-80　修改表格样式

3.7.6　设置表格主题

Excel 不仅可以修改单元格样式，还可以一次性修改文件主题。

单击【页面布局】选项卡【主题】组中的【主题】命令，在弹出的下拉菜单中选择任意风格的主题。应用后，文件的默认配色和字体等都会发生变化（见图3-81和图3-82）。

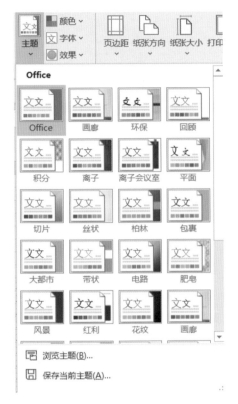

图 3-81　应用主题

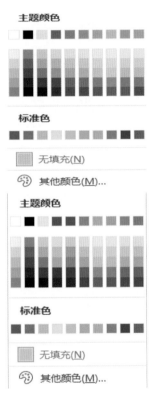

图 3-82　默认状态下的主题颜色 VS 应用 "离子" 主题后的颜色

应用默认主题样式后，还可以对颜色、字体、效果等内容进行自定义设置（见图 3-83）。

图 3-83　自定义主题内容

如果希望保存自定义的主题，并在不同设备中导入，则可以首先对颜色、字体和效果内容进行修改；然后单击【主题】下拉菜单中的【保存当前主题】命令（见图 3-84）。弹出【保存当前主题】对话框，在【文件名】框中输入主题的名称；最后单击【保存】按钮。

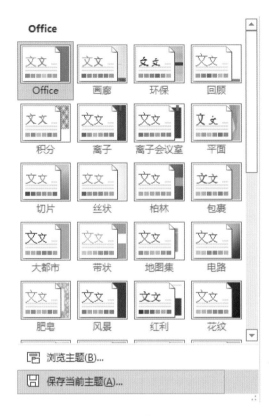

图 3-84　保存自定义主题

如果重新导入 Excel 文件，则选择【主题】下拉菜单中的【浏览主题】命令，即可选择并载入。

3.7.7　调整行高和列宽

完成字体、数字格式、单元格填充等设置，表格美化也就完成了 80%，但密密麻麻的排版使得表格美中不足，根据单元格内容适当调整行高和列宽，页面就会更有"呼吸感"。

单击【开始】选项卡【单元格】组中的【格式】命令，在弹出的下拉菜单中可以看到【行高】和【列宽】两个选项，这两个选项都可以输入参数对单元格进行调整。而【自动调整行高】/【自动调整列宽】则是让 Excel 根据单元格内容自动调整。

当需要为单元格设置固定的行高时，首先选中数据区域，在【格式】下拉菜单中单击【行高】/【列宽】命令，在弹出的对话框中输入对应的数值后单击【确定】按钮，单元格的行高就会随之调整（见图 3-85）。

图 3-85　设置行高列宽

如果希望表格的行高和列宽能够自动适应单元格内容，则只需要选中多行或者多列，在【格式】下拉菜单中选择【自动调整行高】或【自动调整列宽】命令，数据区域就会自动发生变化（见图 3-86 和图 3-87）。

货主名称	货主地址	货主城市	货主地区	货主邮政编
谢小姐	新成东 96 号	长治	华北	545486
谢小姐	新成东 96 号	长治	华北	545486
谢小姐	新成东 96 号	长治	华北	545486
余小姐	明北路 124	北京	华北	111080
余小姐	明北路 124	北京	华北	111080
余小姐	明北路 124	北京	华北	111080
陈先生	清林桥 68 号	南京	华东	690047
谢小姐	光化街 22 号	秦皇岛	华北	754546
谢小姐	光化街 22 号	秦皇岛	华北	754546

图 3-86　调节列宽前

货主名称	货主地址	货主城市	货主地区	货主邮政编码
谢小姐	新成东 96 号	长治	华北	545486
谢小姐	新成东 96 号	长治	华北	545486
谢小姐	新成东 96 号	长治	华北	545486
余小姐	光明北路 124 号	北京	华北	111080
余小姐	光明北路 124 号	北京	华北	111080
余小姐	光明北路 124 号	北京	华北	111080
陈先生	清林桥 68 号	南京	华东	690047
谢小姐	光化街 22 号	秦皇岛	华北	754546
谢小姐	光化街 22 号	秦皇岛	华北	754546

图 3-87　调节列宽后

如果只是部分区域需要调整行列间隙，则可以用鼠标选中需要调整的多行数据，再将鼠标指针放置于行号之间，当鼠标指针样式发生变化时，拖动鼠标即可一次性调整选中区域的行高。如果需要调整列宽，则选中多列，将鼠标光标放置于列标之间再拖动。

若存在部分单元格内容在调整行列间隙后内容仍然无法完全显示的情况，则可以选中整列或者单个单元格，再单击【开始】选项卡【对齐方式】组中的【自动换行】命令，可以实现单元格内分行（见图3-88）。

图 3-88 自动换行

在录入数据时需要分行怎么办？可以将鼠标光标放置在需要分行的位置，同时按下快捷键【Alt+Enter】。

3.7.8 添加批注

为文件添加批注，能够最大限度地确保文件在传阅的过程中，经手人清晰了解文件的内容和注意事项，还便于针对问题进行讨论。

单击【插入】选项卡中的【批注】命令，可以弹出输入批注的对话框（见图3-89）。

除了通过选项卡切换选择，还可以直接选中需要进行批注的单元格，单击鼠标右键，在弹出的快捷菜单中选择【新建批注】命令，Excel 页面中就会弹出输入批注的对话框（见图3-90）。

图 3-89 插入批注

图 3-90 新建批注

批注对话框左上角为当前 Office 软件登录的账户名称，便于接收者判断信息来源。如果你在输入时发现并未显示个人信息，则可以单击【文件—选项】命令，在弹出的【Excel 选项】对话框的【常规】标签中找到个性化设置，将用户名修改为个人昵称即可（见图 3-88）。

图 3-91　修改账户信息

批注对话框右上角的"G3"表示所选单元格为 G 列 3 行。在对话框中输入批注内容之后，单击绿色的箭头即可保存批注内容，快捷键为【Ctrl+Enter】。

新建批注并输入批注内容之后，所选单元格右上角会出现一个有颜色的小标志，移动鼠标光标悬浮于当前单元格，就会自动显示批注内容（见图 3-92）。

在回复框中输入内容并发布，就可以直接交流讨论了。

当讨论已经结束时，可以单击批注对话框右上角的三个小点，在弹出的快捷菜单中选择【删除会话】或【关闭会话】命令。

删除会话之后，批注内容将被删除无法查看，但可以通过撤销操作恢复批注（快捷键【Ctrl+Z】）。

若选择【关闭会话】命令，则其他人无法继续回复。不过，当鼠标光标悬浮于当前单元格时，仍然可以查看已经发布的批注，还可以单击【重新打开会话】命令，恢复编辑状态（见图 3-93）。

图 3-92　显示批注

图 3-93　会话关闭后

在输入批注内容之后忘记单击【发布】图标怎么办？别担心，Excel 已经替我们做好了存档工作！

当 Excel 工作簿中存在尚未发布保存的批注时，在新建其他批注后，Excel 会自动弹出之前未保存的批注对话框，提醒你"请发布批注"（见图 3-94）。

如果直接关闭文件也别担心。在关闭文件时，如果当前文件依然有批注内容未保存，Excel 会有提醒弹窗。单击弹窗中的【是】按钮则可发布保存（见图 3-95）。

图 3-94　新建批注时保存提醒

图 3-95　关闭文件时保存提醒

3.8　常见问题，盘点职场上的表格易错点

3.8.1　数据格式不规范怎么办

数据格式不规范的可能性有多种多样，但高频发生的错误主要有日期格式和数字格式错误，或者是单元格中存在多余空格，导致无法精确统计和计算（见图 3-96）。

姓名	报销金额	出差日期	返回日期
大西萌	795.72	2020.10.1	2020.10.6
David	857.36	2020.10.2	2020.10.5
珞 珈	1578.46	2020.10.1	2020.10.6
郭富城	764.74	2020.10.1	2020.10.9
黎　明	975.43	2020.10.5	2020.10.8
若　梦	530.20元	2020\10\3	2020\10\10
高圆圆	316.40	2020.10.4	2020.10.9
张柏芝	874.93	2020\10\4	2020\10\11

图 3-96　常见的不规范数据类型

不管是财务人员还是领导，看到如图 3-96 所示的表格时一定处在崩溃的边缘。想要计算总额，输入函数后一看，怎么数据对不上？想直接定位查看某位员工的详细数据，结果 Excel 提示"查无此人"（见图 3-97）。

图 3-97 查找无匹配

领导看了直摇头叹息：好好的一个 Excel 表格，【运算】和【查找】功能统统用不上，那这份表格的意义是什么？

先别慌，尽管前期录入时没有掌握规范，但我们还有力挽狂澜的办法。

1. 查找替换法

在 Excel 中，只有连接符为 "/" 或 "−" 的日期才是被认可的日期格式。例如，"2020.10.1" 等格式，尽管符合我们的填写习惯，却不符合 Excel 的日期规范，因而无法被识别。

而在单元格中手动添加单位或者空格，都可能使单元格内容无法被 Excel 正确识别。

在错误发生之后，我们如何能够快速替换表格中的错误符号及删除多余空格呢？ Excel 的替换功能可以快速实现删除和内容替换。

以删除"报销金额"列的单位为例，单击【开始】选项卡【编辑】组中的【查找和选择】命令，在弹出的下拉菜单中选择【替换】命令（见图 3-98）。

弹出【查找和替换】对话框，在【查找内容】框中输入要查找的内容"元"，在【替换为】框中不输入任何内容，单击【全部替换】按钮，即可清除表格中所有"元"字（见图 3-99）。

图 3-98 选择【替换】命令

图 3-99 替换内容

如果需要将表格中日期列的"."替换为可识别的日期连接符，则在【查找内容】框中分别输入错误的符号"."和"\"，【替换为】框中输入"－"或者"/"符号，再单击【全部替换】按钮即可完成。

2. 函数法

除了查找和替换，通过函数也能够快速完成数据格式的转换和内容修改，解决更多复杂的错误问题。

TEXT 函数——将单元格值转换为特定格式的文本，在 3.3 节中有过讲解。第 1 个参数选择需要转换的单元格；第 2 个参数设置为想要转换的单元格格式。如：=TEXT(D2,0)（见图 3-100）。

VALUE 函数——将代表数值的文本字符串转换成数值。VALUE 函数只有一个参数，输入函数后，选择需要转换为"数字"格式的单元格，按【Enter】键。

但是被转换的单元格内容必须为纯数字，否则将会报错，如：=VALUE(D2)（见图 3-101）。

图 3-100 Excel 中默认为数字右对齐、文本左对齐

图 3-101 使用 VALUE 函数转换格式

SUBSTITUTE 函数——将字符串中的部分字符串以新字符替换，即用新内容 B 替换原字符串或单元格中的 A，本函数共包含 4 个参数（见表 3-4）。

表 3-4

参数顺序	参数名称	参数含义
第 1 个参数	text	需要进行替换的字符串或引用的单元格
第 2 个参数	old_text	需要被替换的内容（A）
第 3 个参数	new_text	用于替换的新内容（B）
第 4 个参数	instance_num	非必填。填写的数字表示要替换原单元格中第几个，若不填则表示替换所有符合内容

举个例子，将单元格中的"起"替换为"周"。当第 4 个参数没有任何数值时，则替换原单元格中所有"起"字（见图 3-102）。

原单元格内容	输入函数	结果
一起进步一起进步一起进步	=SUBSTITUTE(E11,"起","周")	一周进步一周进步一周进步
一起进步一起进步一起进步	=SUBSTITUTE(E12,"起","周",2)	一起进步一周进步一起进步

图 3-102　使用 SUBSTITUTE 函数替换字符

REPLACE 函数——将字符串中的部分字符用另一个字符串替换，即用 B 替换原字符串或单元格中，从第 n 位到第 n+m-1 位的内容（见表 3-5）。

表 3-5

参数顺序	参数名称	参数含义
第 1 个参数	old_text	需要进行替换的字符串或引用的单元格
第 2 个参数	start_num	从所选内容的第几位（n）开始替换
第 3 个参数	num_chars	需要替换的字符格式（m）
第 4 个参数	new_text	进行替换的新内容（B）

当第 2 个参数为 6、第 3 个参数为 1 时，则表示将 E11 单元格中的第 6 个字符"起"替换为"周"。当第 3 个参数为 7 时，则表示将 E11 单元格中的第 6 个字符至第 12 个字符的内容均替换为"周"（见图 3-103）。

掌握更多 Excel 函数之后，还可以通过嵌套不同的函数，轻松完成表格数据的整理。不过，磨刀不误砍柴工，提前规避错误才是提高效率的最优解。

原单元格内容	输入函数	结果
一起进步一起进步一起进步	=REPLACE(E11,6,1,"周")	一起进步一周进步一起进步
一起进步一起进步一起进步	=REPLACE(E12,6,7,"周")	一起进步一周

图 3-103 使用 REPLACE 函数替换字符

3. Power Query 数据清洗

有时候，已经尽力将数据按照规范进行整理了，但不管是运算还是统计，总是无法得出正确的结果。这可能是因为表格中存在隐藏的非打印字符，通过 Power Query 可以一步完成整理。

Power Query 是内置在 Excel 2016 专业增强版及以上版本中的 Power BI 组件之一，能够高效地完成很多数据清洗的步骤，以及快速实现二维表和一维表的转换。

单击【数据】选项卡，就可以看到【获取和转换数据】组，可以通过【来自表格 / 区域】等相应的命令将 Excel 表格、文本，甚至是网站的数据导入 Power Query 进行清洗整理（见图 3-104）。

图 3-104 【获取和转换数据】组

加载数据进入 Power Query 后，单击【转换】选项卡中的【格式】命令，在下拉菜单中选择【修整】/【清除】命令，可以一键清除所选数据区域的空格和非打印字符（见图 3-105）。

关于 Power Query 的界面和操作，在本书后续章节会继续介绍。如果已经安装的版本中没有这个功能，建议更新版本，或者是前往微软 Power BI 官网下载 Power BI Desktop 软件。

图 3-105 【修整】和【清除】命令

3.8.2 合并单元格出错怎么办

合并单元格是大部分人在使用 Excel 时很常用的一个功能，合并标题或类别之后的表格在视觉上更加简洁明了，一目了然（见图 3-106）。

销售人	对接客户
李芳	实翼
	山泰企业
	千固
赵军	福星制衣厂股份有限公司
	浩天旅行社
	永大企业
郑建杰	远东开发
	椅天文化事业
	正人资源
	三借实业
	东帝望

图 3-106　合并单元格页面

但在简洁的"假象"之后，合并单元格本身就说明表格不规范，含有合并单元格的表格在插入数据透视表分析时也常常出错（见图 3-107）。

图 3-107　插入数据透视表时的出错提醒

究其原因，合并单元格后，所选区域仅保留了顶端的数值，而区域里的其他单元格值则直接被舍弃（见图 3-108）。

图 3-108　合并单元格时的提醒

为了保证每一行 / 列数据的完整性，我们需要取消合并单元格，并为空单元格填充数据。

选中合并单元格后的数据区域，再次单击【合并后居中】命令即可取消合并。取消合并后，将鼠标光标放置于单元格右下角，当鼠标光标变为填充柄时，双击鼠标即可纵向填充单元格内容，拖曳鼠标即可横向填充（见图 3-109）。

由于合并单元格时仅有左上角的数值被保留，取消合并之后，除首个单元格外，其他被合并的单元格中没有任何数据（见图 3-110）。

销售人	对接客户
李芳	实翼
	山泰企业
	千固
赵军	福星制衣厂股份有限公司
	浩天旅行社
	永大企业
郑建杰	远东开发
	椅天文化事业
	正人资源
	三借实业
	东帝望

图 3-109　合并单元格　　　　　　　图 3-110　取消合并单元格

合并单元格造成的数据缺失，会影响我们对数据归属的判断，导致不确定性，甚至出现误解，从而造成最终结果错误。想要保证数据的完整以便统计和运算，在设计表格时，应尽可能将字段即每一列数据分类拆分至最小化，保证一个字段中的数据属性相同，再按照数据规范依次录入。例如，将"省市"列拆分为"省""市"两列并在每个单元格中填充数据。

3.8.3　多余空行有什么影响

表格中存在的空行也是数据处理的禁忌之一，空行造成的后果包括但不限于：无法直接通过双击完成整列数据填充；插入数据透视表时数据会被自动分为多个区域⋯⋯

如果表格中的空行较少，则可以用鼠标单击行标，按住键盘上【Ctrl】键，同时选中存在的空行，然后单击鼠标右键，在弹出的快捷菜单中选择【删除】命令（快捷键为【Ctrl+-】）。

当空行较多无法一次性选择删除时，还可以创建辅助列，利用 COUNTA 函数进行筛选。

选择 H2 单元格，在编辑栏中输入 =COUNTA(A2:G2)。输入完成后将鼠标光标置于单元格右下角，当鼠标光标变成填充柄后，按住鼠标左键并向下拖动完成公式填充（见图 3-111）。

图 3-111　填充 COUNTA 函数

单击【数据】选项卡中的【筛选】命令，单击 C 列标题行出现的下拉箭头，只筛选出"0"值，单击【确定】按钮后，所有空行就会被筛选出来（见图 3-112）。

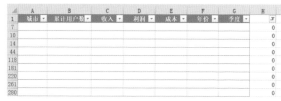

图 3-112　筛选 0 值

选中筛选出来的空行，单击鼠标右键，在弹出的快捷菜单中选择【删除行】命令，删除所有空行（见图 3-113）。最后，删除辅助列。

图 3-113　删除筛选后的行

在数据特别多的情况下，可以选中 H 列，在编辑栏输入公式后，按下快捷键【Ctrl+Enter】批量完成整列填充，再进行筛选删除的操作，表格中的空行就能够一次性被删除（见图 3-114）。

城市	累计用户数	收入	利润	成本	年份	季度
乌鲁木齐	1C24	383020C	1371	382802C	2018	第1季度
乌鲁木齐	1C72	173C822	327C1	170407	2018	第1季度
乌鲁木齐	1711	308308C	301C0	304302C	2018	第1季度
乌鲁木齐	171C	C431CC3	3CC12	C30C041	2018	第2季度
乌鲁木齐	1723	4104147	188CC8	301C470	2018	第2季度
乌鲁木齐	17C1	1413114	30010	138310	2018	第3季度
乌鲁木齐	1840	4477404	7C7CC	4401C30	2018	第3季度
乌鲁木齐	18C3	2073470	04118	28703C2	2018	第4季度
乌鲁木齐	18C7	4830072	131880	4707183	2018	第4季度
乌鲁木齐	18C0	4C80133	77480	4C02C44	2018	第4季度
乌鲁木齐	1801	3143040	22200	31207C0	2010	第4季度
乌鲁木齐	100C	1014082	113CC	1003C1C	2010	第1季度

图 3-114　清除空行后的效果

3.8.4　表格规范要注意什么

其实，Excel 表格的美观是为浏览阅读服务，并非核心因素，数据的有效存储、提取和分析才是关键。掌握以下 9 个要点，在设计和处理数据时，你也能够得心应手。

（1）单元格最小化。如果单个单元格中包含多项内容，不管是使用函数运算还是数据透视表分析，都需要首先完成单元格内容的拆分，才能继续下一步操作。

（2）内容统一。在设计表格时，每一列存储的内容都应归于统一属性，以便分析。

（3）规范数字格式。在录入数值之前，需要根据即将填充的内容为单元格设置格式，以免因为格式问题而导致数值发生不可逆转的错误。

（4）避免合并单元格。合并单元格容易造成统计错误、数据缺失和归属不明确等问题，只有为每一行 / 列都填充数据才能尽可能保证数据的完整性。

（5）添加序号。表格中的数据存在重复的可能，为每一行数据添加相应的序号，能够标定每一条数据记录的唯一性。

（6）慎用合计。在表格录入时添加合计行并不是明智的做法，因为数据源依然可能发生变动，合计的值也会随之发生变化。最优的做法是将数据源存储于一张表中，后续通过函数或者数据透视表等方式进行汇总。

（7）唯一标题。在单元格中录入多个项目名称（如斜线表头），同样会造成无法准确完成统计。将标题和数据内容一一对应，不仅方便统计，也便于查阅。

（8）以一维表进行存储。一维表的每一列是一个维度，列名就是该列数值的共同属性，每一行是一条独立的记录，通过行、列都能够清晰获取数值传递的信息。而二维表需要同时通过行和列才能够判断数值的意义，并且以二维表结构存储的表格，无法直接使用数据透视表分析。

（9）保持数据连续性。如果需要将表格内容进行区分，则可以使用边框加粗等格式改变来突出区别。使用空行分隔数据，会使得后续无法通过双击快速填充数据，甚至统计时会无法覆盖全部数值。

良好的开始是成功的一半，表格设计越清晰明了，越有利于规避问题的发生，保证数据的精准，方便后续对数据进行处理。

第 4 章

函数与公式：带你开启 Excel 新世界的大门

4.1 绝对引用符“$”，让函数变得值钱的小工具

函数和公式是 Excel 中最重要的知识点之一，但其应用并不能仅限于对函数含义的了解，哪怕是简单的公式，在使用时也特别需要注意每一个细节。有不少读者在输入函数后直接选中计算区域双击填充或者拖曳，但结果却出错了。原来是数据区域的选择又出错了，这是怎么回事？本节让我们一起学习更加随心所欲地引用数据区域。

4.1.1 如何选择数据区域

在公式或函数中，通常需要选择一个数据区域进行计算，这被称为引用。如图 4-1 所示，E2 单元格分别引用了 C2 和 D2 单元格的数据。一旦“1 期参加人数”列和“2 期参加人数”列的数据发生改变，“合计”列单元格的结果也会自动更新，无须再次修改。

	A	B	C	D	E
1	序号	课程	1期参加人数	2期参加人数	合计
2	1	Word	100	187	287
3	2	Excel	219	351	
4	3	PPT	391	367	
5	4	PS	149	245	
6	5	AI	120	278	

图 4-1 引用单元格

在计算其他行的合计时，只需要将鼠标置于“合计”列第一个求和后的单元格右下角，当鼠标光标变为填充柄形状时，双击鼠标即可完成整列公式的填充。填充后的单元格中，公式中的引用区域随之发生改变，这就是相对引用。即公式复制后的位置发生变化，引用区域也会变化发生相应的改变（见图 4-2）。

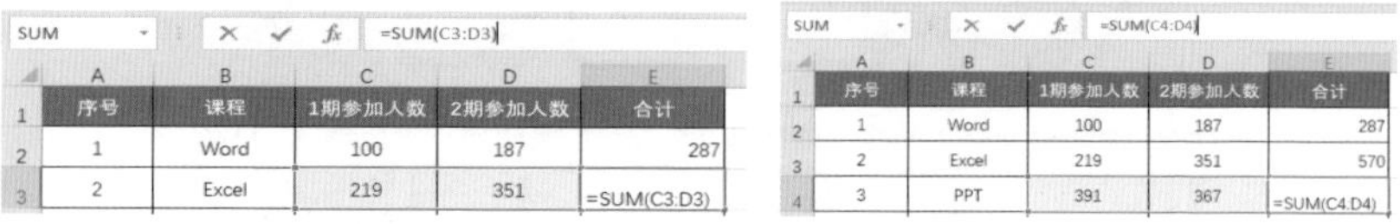

图 4-2 填充公式后引用单元格发生变化

相对引用显然并不适用所有使用场景。如图 4-3 所示右侧的表格中，需要根据目标人数分别计算出两门课程的超出人数。计算 Excel 1 期超出人数后，鼠

标双击填充公式，H4 单元格的结果明显出现错误（见图 4-3）。

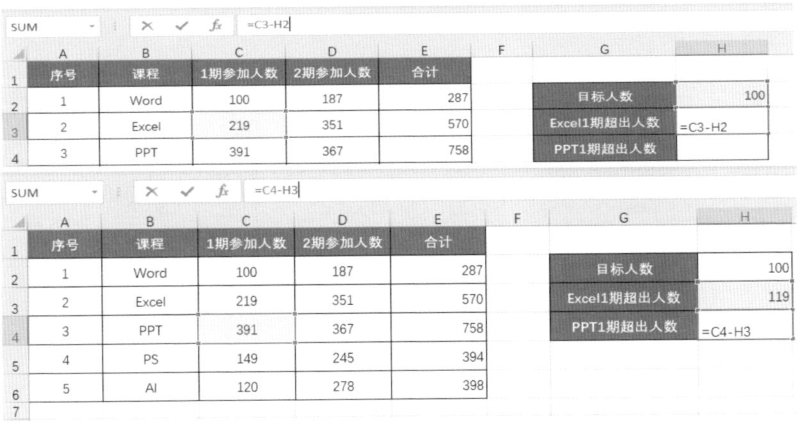

图 4-3　由于引用单元格变化导致结果错误

可以发现，H2 单元格公式的引用区域发生错误。在这种情况下，如何能够固定 H2 单元格，使得公式拖曳填充后依然保持引用 H2 单元格呢？

4.1.2　绝对引用符 "$" 怎么用

Excel 中的引用分为相对引用、绝对引用和混合引用。相对引用只需要直接选择某一单元格，绝对引用和混合引用都需要通过 "$" 符号实现。"$" 符号在公式中代表锁定，被锁定的数据区域不管是拖曳还是复制到其他区域，引用的数据区域都不会发生变化。

计算超出人数时，目标人数单元格始终是固定的，只需要在输入公式时，在编辑栏中单击公式中的 "H2"，再按下键盘上的【F4】键（部分笔记本电脑需要同时按住【Fn+F4】键），即可完成对 H2 单元格的锁定（见图 4-4）。

图 4-4　锁定单元格

此时双击鼠标，填充公式到下一个单元格，公式中引用的 C3 单元格并未被锁定，所以填充后会变为 C4 单元格，但被"$"符号锁定的 H2 单元格区域不变（见图 4-5）。

SUM	▾	× ✓ fx	=C4-$H$2					
	A	B	C	D	E	F	G	H
1	序号	课程	1期参加人数	2期参加人数	合计			
2	1	Word	100	187	287		目标人数	100
3	2	Excel	219	351	570		Excel1期超出人数	119
4	3	PPT	391	367	758		PPT1期超出人数	=C4-$H$2

图 4-5　锁定单元格后填充不改变引用单元格

混合引用包含绝对行引用和绝对列引用。Excel 中的单元格是由行列交叉锁定的，如 A1 单元格就是 A 列第 1 行。

绝对行引用就是通过"$"符号锁定行，当公式被复制到其他位置时，行的引用是固定的，列的引用会发生变化，格式为"A$1"。

绝对列引用则与之相反，公式被复制到其他位置时，列的引用是固定的，行的引用会发生变化，格式为"$A1"。

输入公式时，只需要在编辑栏中单击相应的单元格，再按住【F4】键（部分笔记本电脑需要按住【Fn+F4】键），就可以切换不同的锁定方式（见表 4-1）。

表 4-1

引用方式	含义	格式	公式向下复制两个单元格	公式向右复制两个单元格
相对引用	行列均相对，会发生改变	A1	A3	C3
绝对引用	行列均锁定，不发生改变	$A$1	$A$1	$A$1
混合引用	行锁定，列发生改变	A$1	A$1	C$1
	列锁定，行发生改变	$A1	$A3	$A1

4.2　文本函数，提取关键信息的不二之选

在数据汇总分析的过程中，数据的提取、替换都是常见的操作，比如，根据身份证号提取出生年月日等信息，或是替换文本中的某一个字符……Excel 函数可以实现这些需求。本节会介绍一些常用的文本处理函数。

4.2.1　提取信息的组合拳——LEFT、MID、RIGHT 函数

想要截取数据中的部分内容，LEFT、MID、RIGHT 这 3 个函数一定是最常使用的。显而易见，这 3 个函数的名称已经告知了我们提取的方式，分别是提取左侧、中间和右侧的内容。

在了解这 3 个函数的应用之前，我们先了解一下函数的含义（见表 4-2）。

表 4-2

函数	参数顺序	参数名称	参数含义
LEFT 函数	第 1 个参数	text	需要进行提取的字符串
	第 2 个参数	[num_chars]	非必填，表示需要从左侧开始提取的字符数，若忽略则提取 1 位
MID 函数	第 1 个参数	text	需要进行提取的字符串
	第 2 个参数	start_chars	第一个提取的字符位数
	第 3 个参数	num_chars	提取的字符串长度
RIGHT 函数	第 1 个参数	text	需要进行提取的字符串
	第 2 个参数	[num_chars]	非必填，表示需要从右侧开始提取的字符数，若忽略则提取 1 位

那么，这 3 个函数分别应该如何使用？相信整个案例能够帮助你更快掌握三者的应用方式和区别（见图 4-6）。

单元格内容	输入函数	结果
新的一年在一周进步一起进步	=LEFT(B2)	新
新的一年在一周进步一起进步	=LEFT(B3,4)	新的一年
新的一年在一周进步一起进步	=MID(B4,6,4)	一周进步
新的一年在一周进步一起进步	=RIGHT(B5)	步
新的一年在一周进步一起进步	=RIGHT(B6,4)	一起进步

图 4-6　使用不同函数提取信息

4.2.2　让字母变大又变小的双胞胎——UPPER 函数和 LOWER 函数

Excel 中还有两个函数能够瞬间转换所有字母的大小写状态，哪怕在字体格式中无法设置也无须担心。

UPPER 函数和 LOWER 函数分别只有一个参数，也就是需要进行转换的字符串，输入公式之后，再选择需要转换的单元格，按下【Enter】键即可（见图4-7）。

单元格内容	输入函数	结果
oneweek	=UPPER(B2)	ONEWEEK
ONEweek	=UPPER(B3)	ONEWEEK
oneweek	=LOWER(B4)	oneweek

图 4-7　使用 LOWER 和 UPPER 函数转换大小写

4.2.3　长文本一键计数——LEN 函数

关于单元格字符计数这件事，不管是数字还是文本，只要使用 LEN 函数就能够完成统计。如果需要找出一整列手机号码中不符合长度要求的单元格，用 LEN 函数统计后再进行筛选，就可以轻松得到结果。

LEN 函数只有一个参数 text——需要计算长度的字符串，其实就是引用的单元格。

在 B1 单元格中输入 "=LEN(A1)"，按下【Enter】键，Excel 会自动计算出字符数，双击鼠标向下填充复制公式。如果单元格内存在空格、小数点或者其他符号，也会被视为一个字符（见图4-8）。

不过，仔细一看，表格中日期一行的字符数统计为什么只有 5 个呢？明明是6 个数字。这是因为 Excel 中的日期其实是以 1900/1/1 为起始的，以天为单位递增 1 个单位，"2021/1/22" 转化为数字后是 "44218"，因此 LEN 函数只计算其为 5 个字符。

同时，LEN 函数只能统计单个单元格内的字符数，无法统计一个数据区域内的全部字符数。如果在输入参数时引用了一个区域，如引用 A1:A4 单元格区域，则结果将会被顺延填充到其他单元格中（见图 4-9）。

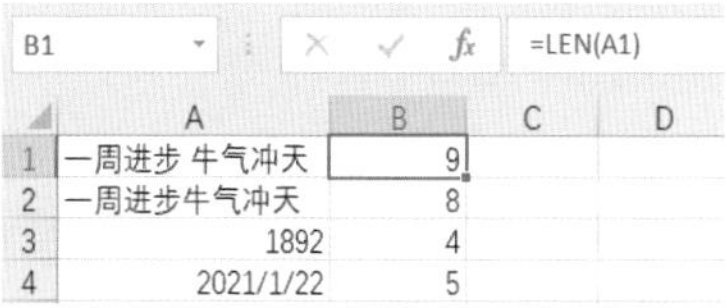

图 4-8 使用 LEN 函数计算字符数

图 4-9 填充 LEN 函数

4.2.4 文本替换的利器——SUBSTITUTE 函数

在 3.8.1 节中，已经介绍过 SUBSTITUTE 函数的使用方法。SUBSTITUTE 函数共包含 4 个参数，如表 4-3 所示。

表 4-3

参数顺序	参数名称	参数含义
第 1 个参数	text	需要进行替换的字符串或引用的单元格
第 2 个参数	old_text	需要被替换的内容（A）
第 3 个参数	new_text	用于替换的新内容（B）
第 4 个参数	instance_num	非必填。填写的数字表示要替换原单元格中第几个，若不填则表示替换所有符合内容

如果直接使用查找和替换功能，则 Excel 中所有符合查找的内容都会被一次性替换，但很多时候我们只需要替换某一个位置的内容，SUBSTITUTE 函数为我们提供了选择的空间。

如图 4-10 所示，将单元格中的"起"替换为"周"。当第 4 个参数没有任何数值时，替换原单元格中所有"起"字；当第 4 个参数为"2"时，只替换搜索到的第 2 个符合条件的内容（见图 4-10）。

原单元格内容	输入函数	结果
一起进步一起进步一起进步	=SUBSTITUTE(E11,"起","周")	一周进步一周进步一周进步
一起进步一起进步一起进步	=SUBSTITUTE(E12,"起","周",2)	一起进步一周进步一起进步

图 4-10　使用 SUBSTITUTE 函数替换内容

在了解 SUBSTITUTE 函数的常规使用方法后，我们由此进行延伸，如何利用此函数统计单元格中某一个字符的数量呢？结合 LEN 函数一步计算到位。

如图 4-11 所示，我们在 C1 单元格中输入公式 =LEN(A1)-LEN(SUBSTITUTE(B1," 一 "," "))。分步骤拆解此公式，也就是首先使用 SUBSTITUTE 函数替换单元格中的"一"为空值；接着使用 LEN 函数统计替换后的单元格字符数；最后通过 LEN 函数与整个单元格的字符数相减，即可完成计算。

B	C	D
新的一年在一周进步一起进步	3	

图 4-11　统计某一个字符的出现频次

Excel 中所有类别的函数已经超过了 400 种，掌握全部函数显然是十分困难的，因而在学习函数时无须逼迫自己记住每一个函数的使用方法。事实上，Excel 中的大部分函数都会有帮助提示，输入函数之后，单击编辑栏旁的插入函数图标 𝑓ₓ 即可调出【函数参数】对话框，再根据参数的解释完成公式填充（见图 4-12）。

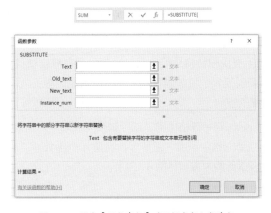

图 4-12　调出【函数参数】对话框完成公式填充

4.3 日期与时间函数，HR 与上班族的福音

日期和时间是工作记录中至关重要的信息之一，无论是工资核算、合同交易，还是项目执行，都免不了以时间为依据。掌握日期与时间函数，实现时间的自动更新计算，就能让 Excel 成为智能计时器。

4.3.1 快速返回当前日期和时间：TODAY 函数、NOW 函数

时间和日期总是流逝变化的，有什么方法能够让 Excel 根据当前时间自动改变？比如，计算合同时效性，怎么让 Excel 能够每天自动更新“今天”的日期，以确定合同生效时间呢？

TODAY 函数就是以日期格式生成当前日期的。如图 4-13 所示，在 D2 单元格中输入 =TODAY()，按下【Enter】键就可以生成日期，并且 TODAY 函数生成的结果，会随着日期的变化自动更新。

NOW 函数的名称已经直观地告诉我们，这是一个用于生成具体日期和时间的函数。

如图 4-14 所示，在 D3 单元格中输入 =NOW()，按下【Enter】键，单元格中就会出现当前日期和具体时间点（见图 4-14）。

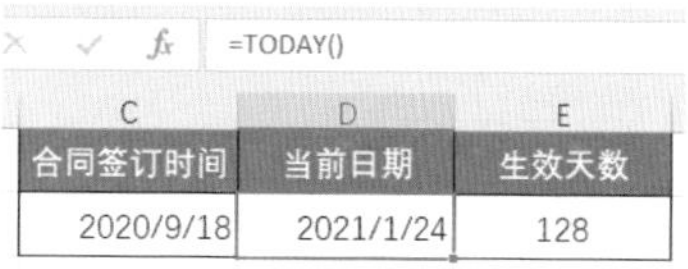
=TODAY()

合同签订时间	当前日期	生效天数
2020/9/18	2021/1/24	128

图 4-13 使用 TODAY 函数计算日期

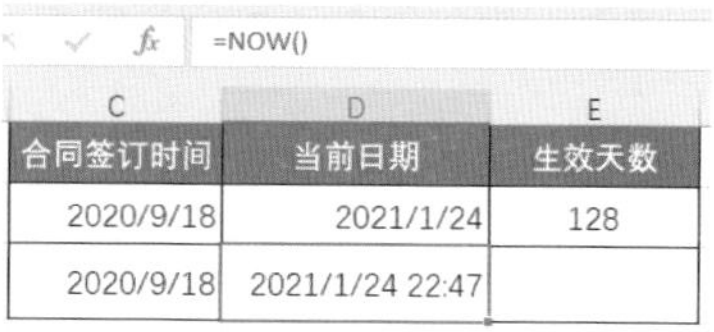
=NOW()

合同签订时间	当前日期	生效天数
2020/9/18	2021/1/24	128
2020/9/18	2021/1/24 22:47	

图 4-14 使用 NOW 函数计算当前日期和时间

4.3.2 生成符合规范的日期格式：DATE 函数

尽管 Excel 的日期可以进行运算，但并非所有的日期格式都符合规范。使用 DATE 函数可以实现将数据转化为以 1900/1/1 为起始的符合规范的日期格式。

DATE 函数有 3 个参数，分别是 year、month、day，在引用时分别在 3 个参数的位置选择相应的年月日单元格或者录入数据。如图 4-15 所示，在 D2 单元格中输入 =DATE(A2,B2,C2) 后，按下【Enter】键，可以批量将数据修改为

日期格式。

年	月	日
95	7	15
2018	8	16
2018	9	17
2018	10	18
2018	11	19
2019	1	20
2020	1	21
2021	1	22

D2 =DATE(A2,B2,C2)

	A	B	C	D	E
1	年	月	日	日期	
2	95	7	15	1995/7/15	
3	2018	8	16	2018/8/16	
4	2018	9	17	2018/9/17	
5	2018	10	18	2018/10/18	
6	2018	11	19	2018/11/19	
7	2019	1	20	2019/1/20	
8	2020	1	21	2020/1/21	
9	2021	1	22	2021/1/22	

图 4-15　使用 DATE 函数转换为日期格式

4.3.3　获取相关日期元素：YEAR 函数、MONTH 函数、DAY 函数

合并年月日可以通过 DATE 函数完成。如果需要逆向操作，那如何从日期中分别提取年、月、日信息呢？

YEAR 函数可以提取数据中的年份，MONTH 函数可以提取月份，DAY 函数可以提取日期。这 3 个函数分别只有一个参数，在提取相关日期信息时，只需要输入函数后引用日期或者数值即可（见图 4-16）。

B2 =YEAR(A2)

	A	B	C	D
1	日期	YEAR提取年	MONTH提取月	DAY提取日
2	1995/7/15	1995	7	15
3	2018/8/16	2018	8	16
4	2018/9/15	2018	9	15
5	2018/10/18	2018	10	18
6	2018/11/19	2018	11	19
7	2019/1/20	2019	1	20
8	2020/1/21	2020	1	21
9	2021/1/22	2021	1	22

图 4-16　提取年份

通过函数提取日期信息，如果引用的单元格内容发生变化，提取后的结果也会随之更新。

4.3.4　特殊日子别错过: DATEDIF 函数、DAYS360 函数

当计算日期之间的间隔时,可以使用 DATEDIF 函数或者 DAYS360 函数。不过,既然这两个函数都是用于计算日期间隔的,那么区别究竟在哪里呢?

DATEDIF 函数和 DAYS360 函数分别包含 3 个参数, 前两个参数都是开始日期和结束日期,了解第 3 个参数的区别之后,就可以根据实际情况直接选择符合的函数进行计算(见表 4-4)。

表 4-4

函数	参数顺序	参数名称	参数含义
DATEDIF 函数	第 1 个参数	start_date	开始日期
	第 2 个参数	end_date	结束日期,不可小于开始日期,否则结果出错
	第 3 个参数	unit	类型值,共有 6 种,一般使用"Y"(年)、"M"(月)、"D"(天)三大类型进行计算
DAYS360 函数	第 1 个参数	start_date	开始日期
	第 2 个参数	end_date	结束日期,若小于开始日期,则结果为负值
	第 3 个参数	[method]	非必填,用于指定在计算中采用的具体方法(FALSE 或省略为美国方法,TRUE 为欧洲方法)

DATEDIF 函数是 Excel 中的隐藏函数,Excel 并不会主动提示此函数存在,只有在完整输入函数后才能使用。

DATEDIF 函数和 DAYS360 函数都用于计算日期间隔,但是前者可以计算出间隔的年份、月份和天数等,以天数计算时是实际日期差;而 DAYS360 函数则是以 1 年 360 天(每个月均为 30 天)的方式计算,一般见于某些会计系统。

如图 4-17 所示,计算 2017/7/15 至 2017/12/3 的项目运作时间,DATEDIF 函数计算了 7 月 15 日至 12 月 3 日间隔的实际天数,而 DAYS360 函数将期间的 8 月至 11 月均以 30 天进行计算,因而二者最终的结果有所差异。

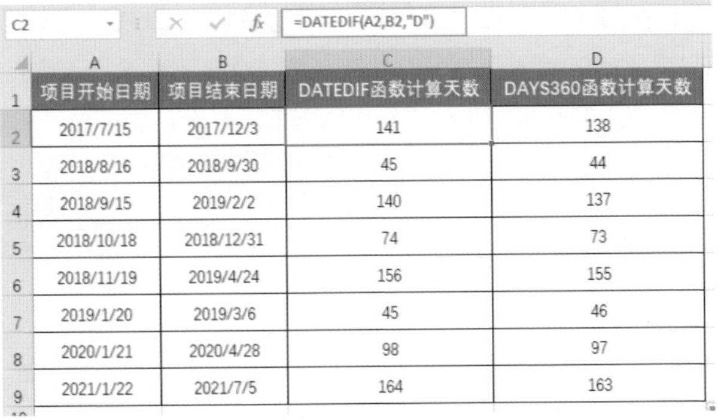

C2 =DATEDIF(A2,B2,"D")

	A	B	C	D
1	项目开始日期	项目结束日期	DATEDIF函数计算天数	DAYS360函数计算天数
2	2017/7/15	2017/12/3	141	138
3	2018/8/16	2018/9/30	45	44
4	2018/9/15	2019/2/2	140	137
5	2018/10/18	2018/12/31	74	73
6	2018/11/19	2019/4/24	156	155
7	2019/1/20	2019/3/6	45	46
8	2020/1/21	2020/4/28	98	97
9	2021/1/22	2021/7/5	164	163

图 4-17 使用 DATEDIF 函数计算天数

4.3.5 快来算算你一年要上多少天班：NETWORKDAYS 系列函数

计算日期的间隔似乎并不是很难，但是如何才能提前清楚地知晓日期之间间隔的工作日天数？比如收到工作任务，只有提前确认工作日才能够更好地分配每天的工作量。

1. NETWORKDAYS 函数

NETWORKDAYS 函数计算的是两个日期之间的工作日天数，默认周六周日之外的时间为工作日（见表 4-5）。

表 4-5

参数顺序	参数名称	参数含义
第 1 个参数	start_date	开始日期
第 2 个参数	end_date	结束日期，若小于开始日期，则结果为负值
第 3 个参数	[holidays]	非必填，需要从工作日历中排除的日期

设想一个场景，领导在假期前给你布置了一项任务，并且要求假期后就要完成，为了能安心地度过一个假期，就要提前根据工作周期安排。如图 4-18 所示，在 E2 单元格中输入 =NETWORKDAYS(C2,D2)，C2 单元格为开始日期，D2 单元格为截止日期，最终得到的结果就是去除周末后的工作日日期，即可用于完成任务的天数。

不过，10 月刚好赶上国庆假期，怎么去掉这 7 天的假期时间呢？在新的区域中输入国庆假期时间，在第 3 个参数中引用该区域，就能顺利得到结果（见图 4-19）。

图 4-18　使用 NETWORKDAYS 函数计算完成天数　　　　图 4-19　去除假期天数

2. NETWORKDAYS.INTL 函数

与 NETWORKDAYS 函数相比较, NETWORKDAYS.INTL 函数可以使用参数指定周末的日期和天数, 从而计算工作日天数。毕竟, 不同行业由于其特殊性, 固定的假期会进行相应调整 (见表4-6)。

表 4-6

参数顺序	参数名称	参数含义
第 1 个参数	start_date	开始日期
第 2 个参数	end_date	结束日期, 若小于开始日期, 则结果为负值
第 3 个参数	[weekend]	非必填, 介于起始日期中的休息日, 不同的数值选择代表不同的休息日期
第 4 个参数	[holidays]	非必填, 需要从工作日历中排除的日期

比如, 这几周的周六要加班, 在计算时就只能剔除周日的休息时间, 那么在选择第 3 个参数时, 就需要选择对应的日期 (见图 4-20)。

图 4-20　选择固定假期

在周末和其他节假日叠加的情况下，就需要加上第 4 个参数，使 Excel 可以综合实际情况精准运算（见图 4-21）。

图 4-21　添加非固定假期

4.3.6　推算工期，让项目进度尽在掌握之中：WORKDAY 系列函数

除了通过开始日期和结束日期计算出间隔天数，Excel 还可以根据开始日期和任务天数得到完成日期。这样，在规划项目时，就能够更快给出预估的起止日期。

1. WORDKAY 函数

WORDKAY 函数主要用于计算与起始日期间隔的工作日期，工作日不包括周末和专门指定的假日（见表 4-7）。

表 4-7

参数顺序	参数名称	参数含义
第 1 个参数	start_date	开始日期
第 2 个参数	days	间隔天数，若为正值，则计算起始日期后的日期；若为负值，则计算起始日期前的日期
第 3 个参数	[holidays]	非必填，需要排除计算的日期

领导在某一天告知，10 个工作日之内需要完成某一项任务，并尽快给出预计截止日期，此时就可以直接使用 WORDKAY 函数。在 E2 单元格中输入 =WORKDAY(C2,D2,H2:H8)（见图 4-22）。

图 4-22　使用 WORKDAY 函数根据任务天数计算完成日期

2. WORKDAY.INTL 函数

与 NETWORKDAYS.INT 函数相似，WORKDAY.INTL 函数也可以通过参数指定周末日期（见表 4-8）。

表 4-8

参数顺序	参数名称	参数含义
第 1 个参数	start_date	开始日期
第 2 个参数	days	结束日期，若小于开始日期，则结果为负值
第 3 个参数	[weekend]	非必填，用于制定一周当中的周末日期
第 4 个参数	[holidays]	非必填，需要从工作日历中排除的日期

如果公司已明确每周一为休息日，那么在计算时需要使 Excel 能剔除周一的日期。输入公式时，第 3 个参数选择相应的参数，即 12；第 4 个参数选择法定假期，按下【Enter】键（见图 4-23）。

图 4-23　去除指定假期

4.4 逻辑函数，让 Excel 为你判断真假

若学生成绩达到 95 分，则视为优秀并发放证书；若员工业绩超出 100%，则按照超出的比例计算相应的奖励；若用户消费达到不同的等级，则按等级给予消费优惠……当数据符合某个条件时，就为其打上相应的"标签"，这是工作中经常遇到的问题。

逻辑函数，就是让 Excel 能够理解，并依照设定的逻辑和标准运行输出结果。

4.4.1 性格迥异的三兄弟：AND、OR、NOT 函数

在现实的很多情况中，逻辑条件的设置往往是复杂的，并非单独一个条件即可完成判断。

AND、OR、NOT 函数尽管都可用于辅助完成条件判断，但三者之间却有很大差别。AND 函数和 OR 函数语法结构一致，都可以设置多个条件。AND 函数表示，当所有条件同时满足时，结果才成立；OR 函数表示，当任意一个条件满足时结果成立。

NOT 函数只能设置一个条件，条件成立时结果为 FALSE，条件不成立时结果为 TRUE，即 NOT 函数的结果与条件相反。当要确保一个值不等于某一个指定的值时，可以使用 NOT 函数（见图 4-24）。

函数	学生姓名	语文分数	数学分数	输入函数	结果
AND函数	珞珈	89	94	=AND(C2>85,D2>90)	TRUE
	大西萌	91	83	=AND(C5>85,D5>90)	FALSE
OR函数	珞珈	89	94	=OR(C6>85,D6>90)	TRUE
	大西萌	91	83	=OR(C5>85,D5>90)	TRUE
NOT函数	珞珈	89	94	=NOT(C6>90)	TRUE
	大西萌	91	83	=NOT(C7>90)	FALSE

图 4-24　AND、OR 和 NOT 函数的差别

4.4.2 和 Excel 讲讲条件：IF 函数

设定了条件之后，如何让 Excel 根据条件得出对应的结果？别忘了 IF 函数。IF 函数只有 3 个参数，理解 3 个参数分别代表的含义，就会更加得心应手（见表 4-9）。

表 4-9

参数顺序	参数名称	参数含义
第 1 个参数	logical_test	进行判断的条件
第 2 个参数	value_if_true	条件成立时输出的结果
第 3 个参数	value_if_false	条件不成立时输出的结果

例如，对学生的成绩做出判断——若分数超过 90 分（不包括 90 分）为优秀，否则为良好，则公式的写法为 =IF(B2>90," 优秀 "," 良好 ")（见图 4-25）。

如果需要判断的条件比较复杂，则可以根据实际情况将 IF 函数与 AND、OR、NOT 函数嵌套使用。以 IF 函数与 AND 函数嵌套为例，考试成绩不低于 90 分且在考后完成签名的学生，则派发证书（见图 4-26）。

学生姓名	语文分数	等级
珞珈	89	良好
若梦	90	良好
周瑜	83	良好
大西萌	79	良好
丽诗	98	优秀
柚子	95	优秀
小玉	96	优秀

图 4-25　使用 IF 函数根据分数判断等级

序号	学生姓名	考试成绩	是否签名
1	珞珈	89	是
2	大西萌	91	是
3	丽诗	95	否
4	柚子	缺席	缺席
5	小玉	81	是
6	周瑜	90	是

图 4-26　学生数据情况

在此案例中，首先需要清楚进行判断的条件之间的关系，考试成绩不低于 90 分，且在考后完成签名两个条件之间为并列关系，即公式为 =AND(C2>90,D2=“是”)。条件若成立，则结果为“派发证书”；若不成立，则结果为“不派发证书”。

确保条件判断无误之后，直接将 AND 函数代入 IF 函数的第 1 个参数中，最终公式结果 =IF(AND(C2>=90,D2=" 是 ")," 派发证书 "," 不派发证书 ")（见图 4-27）。

=IF(AND(C2>=90,D2="是"),"派发证书","不派发证书")

序号	考生姓名	考试成绩	是否签名	结果
1	珞珈	89	是	不派发证书
2	大西萌	91	是	派发证书
3	丽诗	95	否	不派发证书
4	柚子	缺席	缺席	不派发证书
5	小玉	81	是	不派发证书
6	周瑜	90	是	派发证书

图 4-27　使用 IF 和 AND 函数完成条件判断

4.5 数学计算函数，Excel 中的科学计算器

要想 Excel 能够成为使用便捷的科学计算器，为己所用，那就得学会掌控数据，做到收放自如。

4.5.1 向下取整：INT 函数

在 Excel 中，省略小数点后的数值的做法通常是在数字格式中调整小数点位数，但直接调整小数点位数的做法采用的是四舍五入的方式。INT 函数可以实现忽略四舍五入的规则，只保留整数部分。

INT 函数只有一个参数，直接引用或输入需要取整的数据即可，无论小数点后的数字是多少都会被直接舍弃（见图 4-28）。

数字	输入函数	结果
1.8	=INT(E2)	1
3.914	=INT(E3)	3
5.08192	=INT(E4)	5
9.542	=INT(9.549)	9

图 4-28 使用 INT 函数取整

4.5.2 取与舍的智慧：ROUND 系列函数

虽然 INT 函数取整十分方便，但太过于"简单粗暴"了。事实上，在运算过程中，学会取舍是十分重要的，数据的精确性决定了结果的精确性。

1. ROUND 函数

ROUND 函数可以定义保留的小数位数，并依照保留的位数将原数值四舍五入（见表 4-10）。

表 4-10

参数顺序	参数名称	参数含义
第 1 个参数	number	需要取舍的数值
第 2 个参数	num_digits	保留的位数,可为正值、零值、负值。若为零值,则保留与原数值最相近的整数;若为负值,则对整数部分进行四舍五入运算

当第 2 个参数的位数选择和数值不同时,会直接影响数值的结果。为便于区分其中的区别,可以直接通过图 4-29 所示案例了解同一数值在不同参数选择下的呈现结果,以及同一参数下原数值不同的呈现结果。

数字	输入函数	结果
53.14156	=ROUND(E12,3)	53.142
53.14156	=ROUND(E13,1)	53.1
53.14156	=ROUND(E14,0)	53
53.14156	=ROUND(E15,-1)	50
46.0123	=ROUND(E16,-1)	50

图 4-29 使用 ROUND 函数取整

2. ROUNDUP 函数

ROUNDUP 函数作为 ROUND 函数的衍生,语法参数都可以直接参考 ROUND 函数的使用,只不过对数据的保留方式有所差异,ROUNDUP 函数意味着向上舍入数字。

简单来说,也就是不管保留位数的下一个数字大小是多少,在保留结果时都会往前一位进 1。

3. ROUNDDOWN 函数

ROUNDDOWN 函数和 INT 函数的相似之处在于都是忽略四舍五入的规则放弃除保留位数后的数值。不过,ROUNDDOWN 函数依然保留自行选择小数位数的优点。

以防混淆,图 4-30 展示了数值应用 3 个不同函数分别进行保留两位小数位数的结果。

数字	ROUND函数	ROUNDUP函数	ROUNDDOWN函数
9.011	9.01	9.02	9.01
9.558	9.56	9.56	9.55
9.845	9.85	9.85	9.84

图 4-30　ROUND 系列函数取整的差异

4.5.3 Excel 中的花式求和方法：SUM 系列函数

对数据进行求和一般会使用 SUM 函数，因而它是最广为人知的函数之一。本节介绍 SUM 系列函数，掌握各种求和方法。

1. SUM 函数

SUM 函数的参数非常简单，可以直接输入具体的数值，也可以选择特定单元格或区域进行计算。

对连续区域进行求和时，直接输入公式 =SUM()，鼠标光标放在括号中，直接用鼠标拖曳选择需要求和的数据区域，按下【Enter】键即可完成（见图 4-31）。

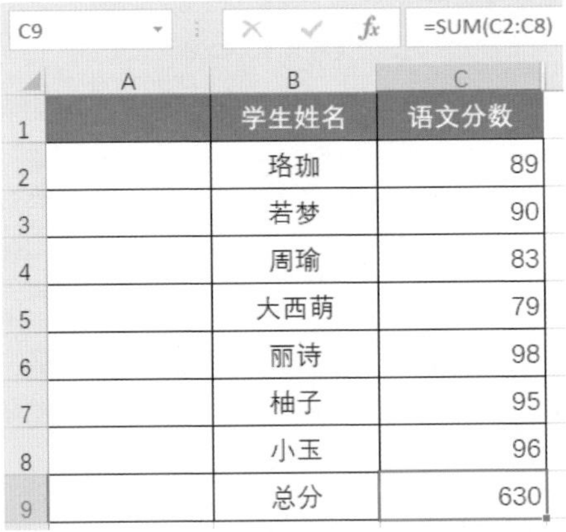
C9 =SUM(C2:C8)

	A	B	C
1		学生姓名	语文分数
2		珞珈	89
3		若梦	90
4		周瑜	83
5		大西萌	79
6		丽诗	98
7		柚子	95
8		小玉	96
9		总分	630

图 4-31　SUM 函数对连续区域求和

若数据不在连续的区域之中，在参数选择时，使用英文状态下的逗号将其分隔。如图 4-32 所示，在 C7 单元格中输入公式 =SUM(C2:C5,G2:G4)，再按下【Enter】键。

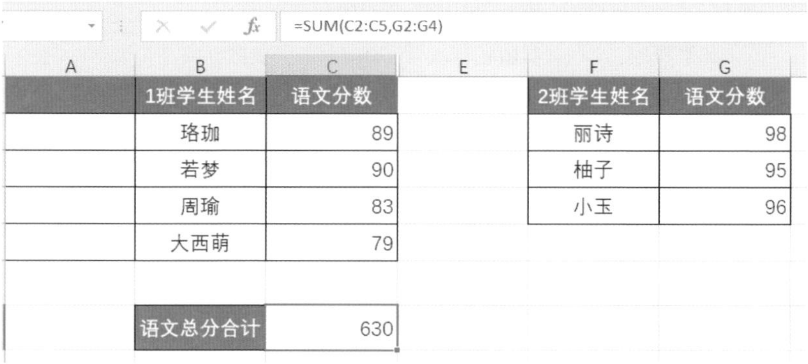

图 4-32　SUM 函数对不连续区域求和

除了以上两种情况，在表格中分别插入合计也是常见的计算之一。在不同的总计行分别输入公式求和并不是一个明智的选择，使用批量填充公式的方法在计算结果上又很容易出现错误。在此情况下，选择所有需要计算的数据区域后，按快捷键【Ctrl+G】定位出分数列中的空值，单击【开始】选项卡中的【自动求和】命令，或按快捷键【Alt+=】即可得出所有总计行结果（见图 4-33）。

班级	学生姓名	语文分数
1班	珞珈	89
	若梦	90
	周瑜	83
	大西萌	79
1班总分		
	丽诗	98
	柚子	95
	小玉	96
2班总分		

图 4-33　对存在空行表格进行求和

2. SUMIF 函数

SUMIF 函数能够通过指定条件对数据进行求和，一旦条件发生变化，直接修改指定条件即可得到实际结果（见表 4-11）。

表 4-11

参数顺序	参数名称	参数含义
第 1 个参数	range	包含条件的单元格区域
第 2 个参数	criteria	指定的条件
第 3 个参数	sum_range	非必填，为实际求和单元格。若不填，则对条件区域中符合条件的内容进行求和

以计算客户订单数总计为例，计算单价超过 500 元的产品单价之和。由于实际需要求和的单元格也就是条件区域，因此可以直接省略第 3 个参数，在手动输入第 2 个参数时需要添加英文双引号，最终输入公式 =SUMIF(B:B,">500")（见图 4-34）。

图 4-34　使用 SUMIF 函数对单价条件求和

若修改条件为计算单价超过 500 元的产品数量之和，则在原有公式的基础上，在第 3 个参数引用"产品数量"列，输入公式 =SUMIF(B:B,">500",C:C)（见图 4-35）。

图 4-35　使用 SUMIF 函数对单价条件数量求和

SUMIF 函数用于单个条件求和，若是想要完成多条件求和，则可以运用 SUMIFS 函数。由于二者参数的含义一致，此处不扩展描述，仅作为提示说明。

3. SUMPRODUCT 函数

SUMPRODUCT 函数是一个特别全能的函数，加减乘除运算都可以直接搞定。SUMPRODUCT 函数只有一个参数时，计算的是对应范围或数组的总和，类似 SUM 函数。如果有多个参数并由英文逗号分隔，则默认是以乘法计算。

如输入 =SUMPRODUCT(B:B,C:C)，则最终得到的结果为 B 列及 C 列中每行单元格数值的乘积相加（见图 4-36）。

客户	产品单价	产品数量	总价
北京和中	298	80	23840
北京以添	720	42	30240
广西成宇	692	540	373680
广州荣升堂	425	40	17000
杭州景岳	823	145	119335
北京和中	255	251	64005
天津利通	598	473	282854
北京和中	531	356	189036
合计			1099990

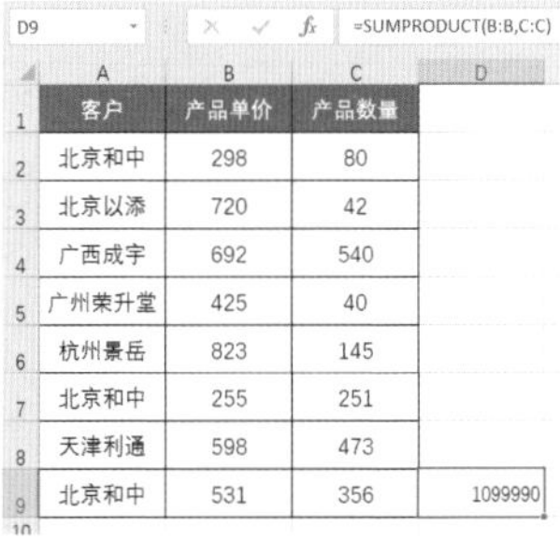
D9　=SUMPRODUCT(B:B,C:C)

	A	B	C	D
1	客户	产品单价	产品数量	
2	北京和中	298	80	
3	北京以添	720	42	
4	广西成宇	692	540	
5	广州荣升堂	425	40	
6	杭州景岳	823	145	
7	北京和中	255	251	
8	天津利通	598	473	
9	北京和中	531	356	1099990

图 4-36　计算每行乘积后相加与使用 SUMPRODUCT 函数计算

如果在一个参数中连续选中 B 列和 C 列，则进行相加运算。若想要进行其他运算，将分隔符修改为相应的符号即可。

4.6　统计函数，从表及里看透数据本质

记录表中的数据往往复杂而混乱，如果无法从密集的数据中分辨出数据的本质，就难以捕捉数据间隐藏的重要信息。比如数据的平均值、极值等，都需要从中"纠"出来。

4.6.1　平均一下，你拖后腿了吗：AVERAGE 函数

作为一名老师，经常需要计算班级平均分。Excel 中的平均分计算函数 AVERAGE 可以轻而易举地完成计算工作。AVERAGE 函数的参数是用于计算均值的数据区域，如 =AVERAGE(1,2,3,4,5,6,7) 的结果为 4。

首先，将学生的成绩录入 Excel，在平均值计算的单元格中输入函数后拖曳选择计算的区域，即 =AVERAGE(B2:B8)。然后按下【Enter】键即可得到计算结果（见图 4-37）。

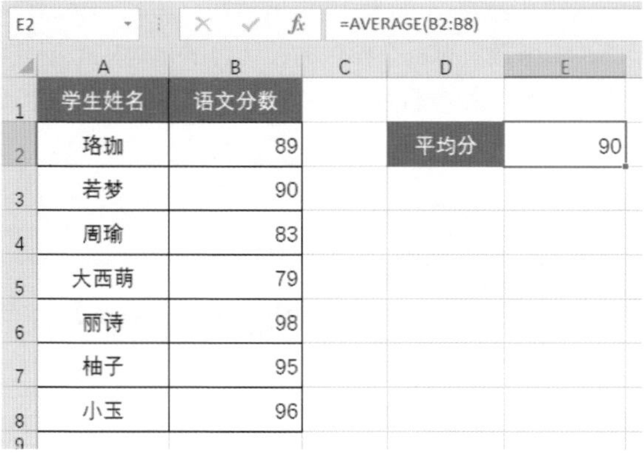

	A	B	C	D	E
1	学生姓名	语文分数			
2	珞珈	89		平均分	90
3	若梦	90			
4	周瑜	83			
5	大西萌	79			
6	丽诗	98			
7	柚子	95			
8	小玉	96			

图 4-37　使用 AVERAGE 函数计算单列平均值

如果有多个数据区域需要计算平均值，则将不同数据区域使用英文状态下的逗号分隔（见图 4-38）。

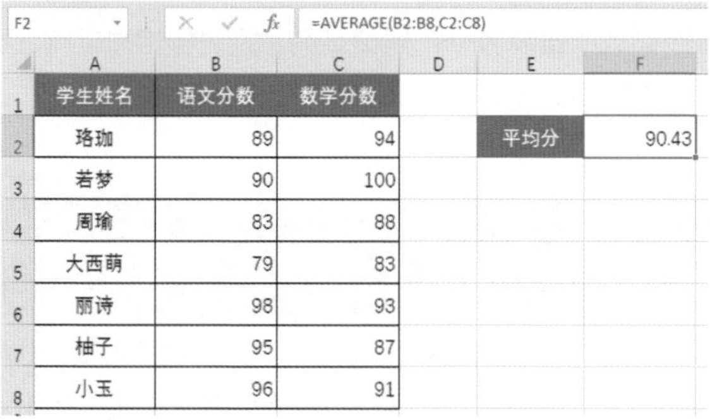

	A	B	C	D	E	F
1	学生姓名	语文分数	数学分数			
2	珞珈	89	94		平均分	90.43
3	若梦	90	100			
4	周瑜	83	88			
5	大西萌	79	83			
6	丽诗	98	93			
7	柚子	95	87			
8	小玉	96	91			

图 4-38　使用 AVERAGE 函数计算多列平均值

4.6.2　找出数据中的突出值：MAX 函数与 MIN 函数

如果需要找出数据中的极值，需要怎么做呢？在了解 Excel 的基本功能之后，可以通过条件格式突出显示单元格，再进行筛选查看数据。不过，我们需要查看的仅仅是数值，能不能实现一步到位呢？

MAX 函数和 MIN 函数可以查找数据中的突出值。如图 4-39 所示，在计算最大值时，在 F2 单元格中输入 = 中 MAX(B2:B8)，Excel 就会找出"语文分数"列中最大的数值；计算最小值时，在 F3 单元格中输入 =MIN(B2:B8)，"语文分数"列中最低的分数也会被找到。

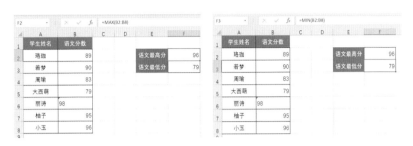

图 4-39　计算最大值与最小值

MAX 函数或 MIN 函数引用的参数是数字或者是包含数字的名称、数组、引用。如果查找的数据列中有以文本格式存储的内容，则该单元格在查找时将被跳过。所以在录入时，保证数据和格式的准确性是至关重要的。

MAX 函数和 MIN 函数除了能够找出数值中的极值，还能够直接比较数据。例如，如图 4-40 所示，将其他班级的最高分 99 和最低分 80 分别与本班的学生成绩进行比较，在 E2 单元格中输入 =MAX(B2:B8,99)，结果会返回引用中最大的数值。

通过 MIN 函数比较最小值的操作与 MAX 函数同理，在参数中用英文状态的标点符号分隔开需要进行比较的不同数据。

图 4-40　使用函数完成数值大小对比

4.6.3 为你的数据排名：RANK 函数

有了分数显然还不够直观，如果能够对数据进行从大到小的排序，那么数据之间高下立见。RANK 函数可以轻松满足数据排序需求，RANK 函数的参数形式如表 4-12 所示。

表 4-12

参数顺序	参数名称	参数含义
第 1 个参数	number	用于进行排序的数据
第 2 个参数	ref	数据排序的比较范围
第 3 个参数	order	非必填，表示排序的方式。若忽略或为零值，则按降序排列；若为非零值，则按升序排列

如图 4-41 所示，对班级中学生的语文成绩进行排序，能够了解每位学生在班级中的成绩水平分布，从而分析不同学生的问题所在。在 C2 单元格中输入公式 =RANK(B2,B2:B8,0)，也就是按照从高到低降序排列的方式排列每位学生的名次。

由于填充复制公式后，公式的引用区域会随之改变，为了保证比较范围不会发生变化导致结果出现错误，需要锁定比较范围，最终输入公式 =RANK(B2,$B$2:$B$8,0)。

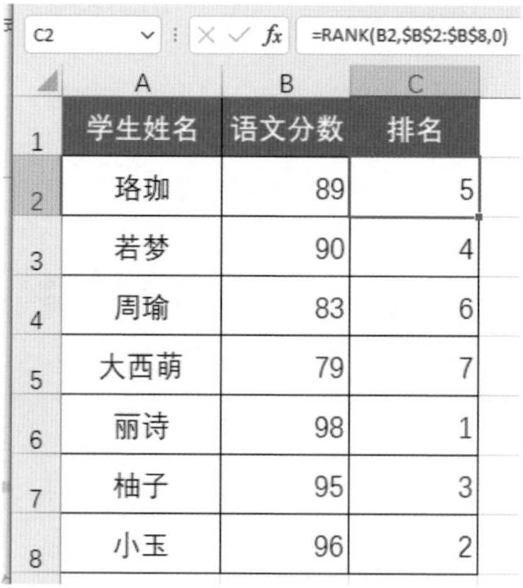
C2 =RANK(B2,$B$2:$B$8,0)

	A	B	C
1	学生姓名	语文分数	排名
2	珞珈	89	5
3	若梦	90	4
4	周瑜	83	6
5	大西萌	79	7
6	丽诗	98	1
7	柚子	95	3
8	小玉	96	2

图 4-41 使用 RANK 函数排名

4.7　查找与引用函数，数据匹配的制胜法宝

查找与引用函数相当于 Excel 中的万能搜索引擎，快速根据关键信息匹配调出结果。比如，在员工信息表中找到某一位员工的身份证信息，或者对比重复记录等，都离不开查找与引用函数。

4.7.1　Excel 中的数据搜索引擎：LOOKUP 系列函数

LOOKUP 函数有向量和数组两种使用方式，但由于数组形式功能有限，可以使用 VLOOKUP 函数代替使用，在此不再赘述，我们只需了解 LOOKUP 函数常用的向量形式。LOOKUP 函数的参数形式如表 4-13 所示。

表 4-13

参数顺序	参数名称	参数含义
第 1 个参数	lookup_value	进行查找匹配的目标对象
第 2 个参数	lookup_vector	目标对象所在的数据列或数据行
第 3 个参数	result_vector	非必填，目标对象在另一行或另一列数据中相同位置处的数据

如图 4-42 所示，在员工信息表中搜索"巴歌"所在的部门，在 G16 单元格中输入公式 =LOOKUP(F16,A16:A25,B16:B25)，按下【Enter】键即可得到结果。

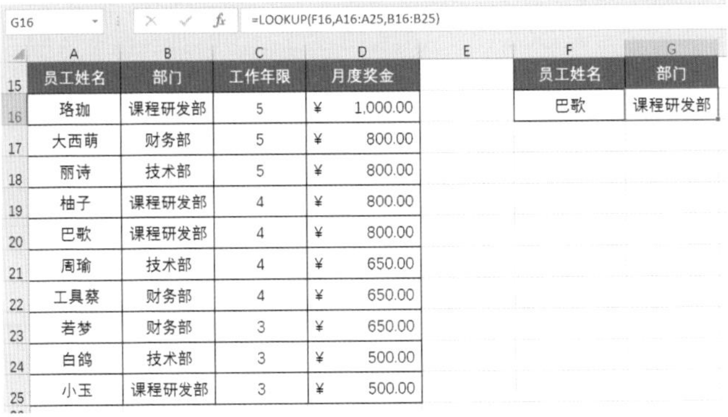

图 4-42　使用 LOOKUP 函数查找信息

LOOKUP 函数的局限在于，该函数第 2 个参数中的值所在数据列必须按照升序进行排列，否则使用该函数匹配数据时，可能得到错误的结果（见图 4-43）。

H16		× ✓ fx	=LOOKUP(G16,A16:A25,C16:C25)					
▲	A	B	C	D	E	F	G	H
15	序号	员工姓名	部门	工作年限	月度奖金		序号	部门
16	5	珞珈	课程研发部	5	¥ 1,000.00		5	财务部
17	6	大西萌	财务部	5	¥ 800.00			
18	1	丽诗	技术部	5	¥ 800.00			
19	4	柚子	课程研发部	4	¥ 800.00			
20	2	巴歌	课程研发部	4	¥ 800.00			
21	3	周瑜	技术部	4	¥ 650.00			
22	8	工具蔡	财务部	4	¥ 650.00			
23	4	若梦	财务部	3	¥ 650.00			
24	7	白鸽	技术部	3	¥ 500.00			
25	9	小玉	课程研发部	3	¥ 500.00			

图 4-43　未按升序排列时，LOOKUP 函数查找存在错误可能

VLOOKUP 函数也是使用频率很高的查找引用函数之一，与 LOOKUP 函数相比，它多了一个参数（见表 4-14）。

表 4-14

参数顺序	参数名称	参数含义
第 1 个参数	lookup_value	进行查找匹配的目标对象
第 2 个参数	table_array	与目标对象匹配的数据范围
第 3 个参数	col_index_num	查找数据范围中第几列的值
第 4 个参数	range_look	匹配方式，若填写 0 则为精确匹配，若填写 1 或忽略则为大致匹配

如图 4-44 所示，用 VLOOKUP 函数依据序号查找员工所在部门，在 H16 单元格中输入公式 =VLOOKUP(G16,A16:E25,3,0)，即在数据区域中的第 3 列找到与序号 5 匹配的数值。

H16		× ✓ fx	=VLOOKUP(G16,A16:E25,3,0)					
▲	A	B	C	D	E	F	G	H
15	序号	员工姓名	部门	工作年限	月度奖金		序号	部门
16	5	珞珈	课程研发部	5	¥ 869.00		5	课程研发部
17	6	大西萌	财务部	5	¥ 718.00			
18	1	丽诗	技术部	5	¥ 827.00			
19	4	柚子	课程研发部	4	¥ 870.00			
20	2	巴歌	课程研发部	4	¥ 740.00			
21	3	周瑜	技术部	4	¥ 479.00			
22	8	工具蔡	财务部	4	¥ 117.00			
23	10	若梦	财务部	3	¥ 291.00			
24	7	白鸽	技术部	3	¥ 245.00			
25	9	小玉	课程研发部	3	¥ 620.00			

图 4-44　使用 VLOOKUP 函数查找信息

如果想要根据序号 5 查找员工工作年限，则只需要将第 3 个参数的数值改成 4 即可，无须重新选择范围。

除了 LOOKUP 函数和 VLOOKUP 函数，LOOOKUP 家族中还有 HLOOKUP 函数和 XLOOKUP 函数，读者在掌握前两个函数的基础上，再了解 HLOOKUP 函数和 XLOOKUP 函数参数的含义，会有更加直观的认识，此处不再赘述。不过，学习函数最重要的是通过实操巩固相关知识点。

4.7.2 Excel 中最正宗的匹配函数：MATCH 函数

MATCH 函数查找的是目标对象在一组数据中的位置，而非目标对象本身（见表 4-15）。

表 4-15

参数顺序	参数名称	参数含义
第 1 个参数	lookup_value	进行查找匹配的目标对象
第 2 个参数	lookup_array	与目标对象匹配的数据范围
第 3 个参数	match_type	非必填，表示查找匹配的方式，可为 –1、0、1

如图 4-45 所示，在 D16 单元格中输入公式 =MATCH(C16,A16:A25,0)，按下【Enter】键，即可在表格没有序号的情况下，找到员工巴歌在"员工姓名"列中的位置。

图 4-45 使用 MATCH 函数查找顺序

通过 MATCH 函数，可以弥补 VLOOKUP 函数在查找时无法动态根据标题内容匹配结果的不足之处。

如图 4-46 所示，根据员工姓名查找员工所在部门和月度奖金，在 H16 单元格中输入公式 =VLOOKUP($F$16,$A$16:$D$25,MATCH(G15,$A$15:$D$15),0)，按下【Enter】键，向右拖曳填充公式即可完成。

H16				fx	=VLOOKUP($G$16,$B$16:$E$25,MATCH(H15,$B$15:$E$15),0)				
	A	B	C	D	E	F	G	H	I
15	序号	员工姓名	部门	工作年限	月度奖金		员工姓名	部门	月度奖金
16	5	珞珈	课程研发部	5	¥ 869.00		巴歌	课程研发部	740
17	6	大西萌	财务部	5	¥ 718.00				
18	1	丽诗	技术部	5	¥ 827.00				
19	4	柚子	课程研发部	4	¥ 870.00				
20	2	巴歌	课程研发部	4	¥ 740.00				
21	3	周瑜	技术部	4	¥ 479.00				
22	8	工具蔡	财务部	4	¥ 117.00				
23	10	若梦	财务部	3	¥ 291.00				
24	7	白鸽	技术部	3	¥ 245.00				
25	9	小玉	课程研发部	3	¥ 620.00				
26									

图 4-46　嵌套函数动态查找信息

对公式逐步拆解如下。

（1）通过 VLOOKUP 函数根据员工姓名查找其他信息。

（2）为了使公式填充后，能够根据标题内容获得动态的结果，使用 MATCH 函数匹配标题内容在数据源中的列序号。

（3）将 MATCH 函数填充到 VLOOKUP 的第 3 个参数中。

（4）依次对公式中的数据区域进行锁定，以免拖动后结果错误。

4.7.3　用 Excel 做个随机抽奖：INDEX 函数

公司年底举办聚会，领导希望从公司的员工中随机抽取 1 位幸运者作为代表获得幸运奖项，每个人均拥有一次机会。此时，INDEX 函数如何使 Excel 变成一个抽奖器呢？

首先，需要了解 INDEX 函数的作用，INDEX 函数查找的是指定数据区域中指定行列交叉处的数值，参数形式如表 4-16 所示。

表 4-16

参数顺序	参数名称	参数含义
第 1 个参数	array	查找引用的数据区域
第 2 个参数	row_num	指定区域中的行序号
第 3 个参数	[column_num]	非必填，指定区域中的列序号

如图 4-47 所示，输入公式 =INDEX(A1:B11,6,2)，则查找的结果是表格中第 6 行第 2 列的数据，即结果为 B6 单元格值“巴歌”。当修改公式为 =INDEX(B1:B11,6) 时，查找的结果不变，因为此时仅意味着查找 B 列第 6 个单元格值。

既然是随机抽奖，那么就得保证 INDEX 函数查找的行序号是随机生成且不重复的数值。此处需要借助一个函数——RAND 函数，它的作用是随机生成大于或等于 0，且小于 1 的随机数，生成的结果会随着每一次重新计算发生改变。

	A	B
1	序号	员工姓名
2	1	珞珈
3	2	大西萌
4	3	丽诗
5	4	柚子
6	5	巴歌
7	6	周瑜
8	7	工具蔡
9	8	若梦
10	9	白鸽
11	10	小玉
12		

图 4-47 使用 INDEX 函数按顺序查找信息

首先，新建“随机数辅助列”，在 C2 单元格中输入公式 =RAND() 并完成填充。其次，由于 RAND 函数的结果会随着表格的每一次编辑而发生改变，因此只需要通过 RANK 函数找到“随机数辅助列”第一个单元格在整列数据中的排序，就能够随机得到数字 1~10，即随机得到任意一位员工所在的行序号。在 D2 单元格中输入排序公式 =RANK(C2,$C$2:$C$11)，并完成填充（见图 4-48）。

	A	B	C	D	E
1	序号	员工姓名	随机数辅助列	行序号	
2	1	珞珈	0.613738008	4	
3	2	大西萌	0.875466824	1	
4	3	丽诗	0.227750425	8	
5	4	柚子	0.042673727	10	
6	5	巴歌	0.738321951	2	
7	6	周瑜	0.545386128	5	
8	7	工具蔡	0.4184606	6	
9	8	若梦	0.634408291	3	
10	9	白鸽	0.344482908	7	
11	10	小玉	0.206729373	9	

图 4-48 建立随机数辅助列

得到随机排序公式之后，可直接将公式代入 INDEX 函数中，在 E4 单元格输入最终的完整公式 =INDEX($B$2:$B$11,RANK(C2,$C$2:$C$11))，得到结果之后，长按【F9】键（部分电脑为【Fn+F9】键）即可实现结果滚动（见图 4-49）。

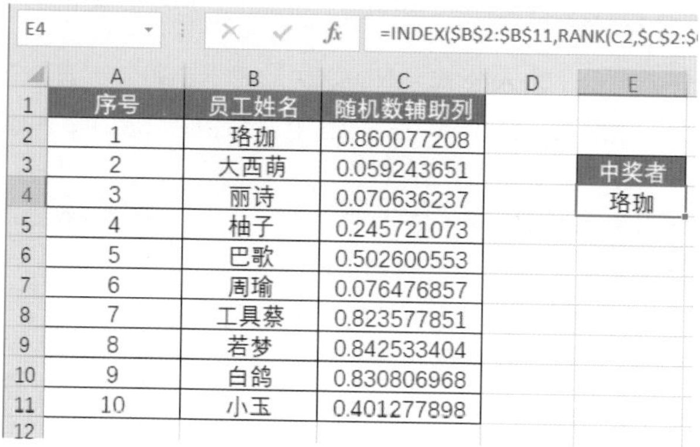
E4 =INDEX($B$2:$B$11,RANK(C2,$C$2:$C

	A	B	C	D	E
1	序号	员工姓名	随机数辅助列		
2	1	珞珈	0.860077208		
3	2	大西萌	0.059243651		中奖者
4	3	丽诗	0.070636237		珞珈
5	4	柚子	0.245721073		
6	5	巴歌	0.502600553		
7	6	周瑜	0.076476857		
8	7	工具蔡	0.823577851		
9	8	若梦	0.842533404		
10	9	白鸽	0.830806968		
11	10	小玉	0.401277898		
12					

图 4-49　合并公式完成动态抽奖

如果公司同时抽取多位中奖者，则只需要下拉填充公式，再长按【F9】键滚动数据结果即可（见图 4-50）。

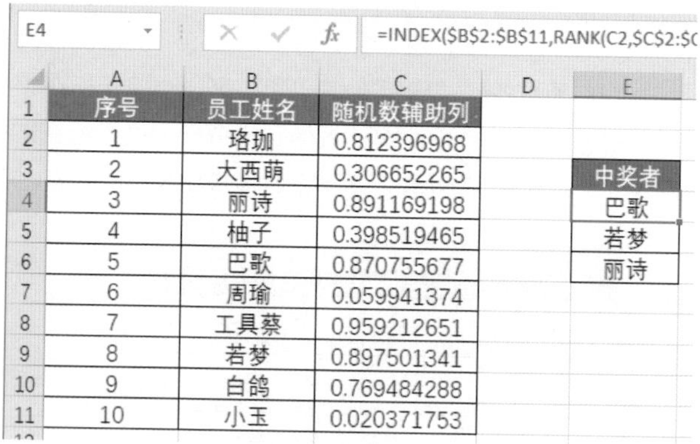
E4 =INDEX($B$2:$B$11,RANK(C2,$C$2:$C

	A	B	C	D	E
1	序号	员工姓名	随机数辅助列		
2	1	珞珈	0.812396968		
3	2	大西萌	0.306652265		中奖者
4	3	丽诗	0.891169198		巴歌
5	4	柚子	0.398519465		若梦
6	5	巴歌	0.870755677		丽诗
7	6	周瑜	0.059941374		
8	7	工具蔡	0.959212651		
9	8	若梦	0.897501341		
10	9	白鸽	0.769484288		
11	10	小玉	0.020371753		

图 4-50　拖动填充，一次性抽奖

需要注意的是，由于每一次重新计算都会改变 RANK 函数生成的数值，因此在得到抽奖结果之后不能再编辑公式，否则结果会发生变化。

第 5 章

数据透视表：让小白也能学会数据分析

5.1 什么是数据透视表

大数据时代，数据的价值日益水涨船高，只有挖掘其中隐藏的信息和含义才能充分利用数据的价值。但是，直接获取的信息往往是杂乱无章的，并不能为我们呈现想要的结果。

数据透视表能够快速汇总 Excel 工作表中大量的零散记录，通过排列、汇总、筛选、计算字段分析数值数据，用以明晰数据之中的重要信息或对趋势进行预测来辅助决策。

5.1.1 数据透视表的优势

作为 Excel 中必须掌握的功能之一，数据透视表和一般的记录表区别在哪里呢？在工作中，我们会将交易记录、产品销量、学生成绩及地区产量等数据依照真实发生一一录入备份，形成记录文档。尽管这些记录是事实的印证，但由于太过零散和细致，很难从中直观地获取诸如某个产品或区域销量最高等重要信息。

数据透视表能在汇总数据之后，对不同字段进行分析运算，找出数据中的重点并予以关注。并且，数据透视表的操作便捷灵活，只需要拖曳相应的字段，Excel 就会自动计算出结果，降低了学习成本。

对于需要更新数据源的报表，创建数据透视表也能够简化重新计算的不便，实现一键刷新即可呈现最新结果（见图 5-1）。

	A	B	C	D	E
1	日期	客户名	产品	数量	销售额
2	01-01	广西成宇	车架	50	4750
3	01-01	天津利通	挂坠	20	1300
4	01-02	西安越腾	香薰	30	1020
5	01-03	北京和中	香薰	10	340
6	01-04	杭州景岳	保护膜	20	4000
7	01-15	广西成宇	保护膜	50	10000
8	01-11	北京以添	香薰	50	1700
9	01-18	天津利通	香薰	10	340
10	01-20	北京以添	绿茶	30	4650
11	01-20	天津利通	保护膜	10	2000
12	01-21	广西成宇	车架	40	2760

客户名	(全部)						
求和项:销售额	产品						
月	摆件	保护膜	车架	挂坠	绿茶	香薰	雨伞
1月		18000	7510	1300	9300	4760	2070
2月	180	14000	5450		24800		3450
3月	270	26000	1380	1950	7750	3740	2760
4月		30000	6300	1300	12400		2070
5月		14000	4750	1300	4650	3400	
总计	450	102000	25390	5850	58900	11900	10350

图 5-1　记录表与数据透视表

在创建数据透视表之前，要先确保数据源的规范性。每一列即字段中的数据应该为同一属性，每一行应该为完整的记录，应规避取消合并单元格、空行、合计等操作，以免结果中出现错误。

5.1.2 数据透视表的创建

掌握数据透视表操作的前提在于学会为数据源创建新的数据透视表，这在

Excel 中两步就可以搞定。

单击数据源中的任意单元格，单击【插入】选项卡中的【数据透视表—表格和区域】命令（见图 5-2），在弹出的【来自表格或区域的数据透视表】对话框中按照默认的设置单击【确定】按钮。此时 Excel 会自动识别数据区域，并在新工作表中创建数据透视表。

图 5-2　插入数据透视表

如果只需要分析一部分源数据，不需要全部加载到数据透视表中，则在弹出的【来自表格或区域的数据透视表】对话框中，单击【选择表格或区域】下的【表 / 区域】右侧的按钮用鼠标拖曳需要分析的数据范围（见图 5-3）。

若是希望在已有的工作表中插入数据透视表，则对话框中的【选择放置数据透视表的位置】下，选择【现有工作表】单选项，在下方【位置】框中输入建立工作表的位置或使用鼠标直接选择单元格区域（见图 5-4）。

图 5-3　选择数据创建透视表

图 5-4　修改数据透视表位置

5.1.3　透视表结果和数据源的同步变化更新

录入数据后，数据源区域默认为普通区域，如果再增加源数据，已经生成的数据透视表结果则保持不变。

对经常需要更新补充源数据的读者来说，如果数据透视表的结果能够随之发生改变，则可以节省很多时间精力。作为一款办公效率神器，实现数据源和结果同步更新只需要完成一个小操作——将数据源区域转化为超级表，也就是智能表格。

最简单的方式是单击数据源区域任意单元格之后，同时按住键盘上的

【Ctrl+T】键，即可弹出【创建表】对话框，就能将当前的普通区域转化为智能表格（见图5-5）。

图 5-5　创建智能表格

　　除了快捷键操作，还可以通过【开始】选项卡中的【套用表格样式】命令或者【插入】选项卡中的【表格】命令两个方式完成智能表格的创建（见图5-6）。

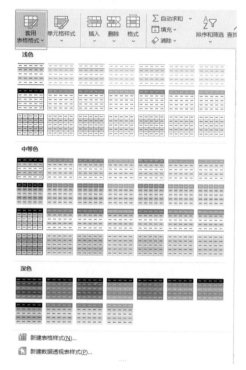

图 5-6　套用表格样式与插入表格

　　智能表格能够将后续补充的数据自动扩展，列入表格区域。因此，首先将普通区域转化为表格，再创建数据表，在数据透视表的结果区域中单击鼠标右键，在弹出的快捷菜单中选择【刷新】命令，最新的结果就会应用到数据透视表中（见图5-7）。

图 5-7　实时刷新透视表数据

5.2　了解数据透视表的重要元素

创建数据透视表之后，在生成透视表的工作表页面右侧会出现【数据透视表字段】对话框，这是最终完成透视表的基本操作区域。当鼠标光标位于数据透视表区域任意位置时，对话框就会出现；鼠标单击数据透视表区域之外的位置，对话框将会自动隐藏（见图 5-8）。

图 5-8　【数据透视表字段】对话框

有时不小心关闭了对话框后，通过单击数据透视表区域也无法再调出【数据透视表字段】对话框，这时可以通过以下两种方式重新打开。

一是单击数据透视表区域后，单击鼠标右键，在弹出的快捷菜单中选择【显示字段列表】命令，就可以重新打开。

二是当选择数据透视表区域后，会出现【数据透视表分析】选项卡，在此选项卡中单击【字段列表】命令，可以重新打开对话框（见图 5-9）。

图 5-9 【显示字段列表】与【字段列表】命令

数据透视表字段主要分为字段列表和区域部分。字段列表包含了数据源中的所有字段名称，即列标题，这是用于分析的基础数据。区域部分包括筛选器、列区域、行区域和值区域，直接拖动字段至区域部分，通过不同的字段排列方式，可以得到不同维度的分析结果（见图 5-10）。

图 5-10 数据透视表字段区域

5.2.1 筛选器

将字段置于筛选区域，数据透视表上方将会出现相应的报表筛选器，在筛选器面板中选择，数据透视表中将会呈现该筛选内容的相关数据结果（见图 5-11）。

如果报表中需要分析的数据维度比较多或数据比较复杂，则可以通过添加筛选器对数据进行筛选，使结果更加清晰和聚焦（见图 5-12）。

图 5-11 创建透视表筛选器

图 5-12 添加筛选页

5.2.2 列区域

将字段置于列区域，字段中的内容会以数据透视表的列标题显示（见图 5-13）。

图 5-13 列区域字段

行区域和列区域均可根据字段的层次结构创建上下层级关系，低一层级的字段将嵌套于上一层级的字段之中。以列区域为所属区域和产品类别创建关系为例，结果如图 5-14 所示。

图 5-14 列区域多级字段

创建层级关系后，单击上一层级的【显示】/【隐藏】按钮，就可以展开或关闭分组（见图 5-15）。

图 5-15 【显示】/【隐藏】按钮

5.2.3 行区域

行区域中的字段显示结果如图 5-16 所示，在分析一种维度的数据时，通常将字段置于行区域。

行区域中创建的层级关系，更加易于理解，通过【显示】/【隐藏】按钮可以打开或关闭分组。不过，若是字段之间没有紧密的上下层级关系，则无须创建层级关系（见图 5-17）。

图 5-16 行区域字段

图 5-17 行区域多级字段

5.2.4 值区域

数值字段添加至值区域后，默认情况下，会进行求和方式汇总，并将结果呈现在数据透视表中，非数值字段则默认以计数方式汇总（见图 5-18）。

当需要修改数值的汇总方式时，单击值区域中字段右侧的下拉箭头，在弹出的下拉菜单中单击【值字段设置】命令。打开【值字段设置】对话框，可以选择【计数】、【平均数】或【最大值】等其他汇总方式（见图 5-19）。

若同一个数值字段需要同时从不同维度分析，则在字段列表中重新选择拖动该字段置于值区域，在【值字段设置】对话框中依次选择不同的汇总方式。这两个步骤就可以省略以往复杂的计算过程（见图 5-20）。

图 5-18　值区域字段

图 5-19　值字段设置

图 5-20　多次在值区域创建统一字段计算

　　为了让数据透视表的呈现结果更加简洁明了，别忘了在【值字段设置】对话框或者在编辑栏中修改字段名称（见图 5-21）。

更改字段名称的注意事项在于，更改后的字段名称不能与其他字段的名称重复，否则 Excel 将会弹出警告（见图5-22）。如果一定要有多个字段名称保持一致，那么修改字段名称时，先输入空格再输入文字内容，就可以"瞒天过海"，躲过 Excel 的识别（见图5-23）。

图 5-21　修改字段名称

图 5-22　警告信息　　　　　图 5-23　修改为"相同"字段名称

数据透视表不仅可以修改数值的汇总方式，还可以修改显示方式。比如，在【值显示方式】中选择【总计的百分比】，就可以直观查看各地区销售额占总金额的比例。还有更多的显示方式需要结合实际工作选择（见图5-24）。

图 5-24　修改值显示方式为百分比

5.3 美化数据透视表

使用数据透视表分析数据能够提高工作效率，但是只会完成字段拖曳还远远不够，最终的数据透视表只能是平平无奇（见图 5-25）。

	A	B	C	D	E	F
1						
2						
3	求和项:金额	列标签				
4	行标签	第一季	第二季	第三季	第四季	总计
5	⊟动感单车	1,359,301.52	2,115,008.33	1,319,918.61	2,041,240.58	6,835,469.04
6	呼和浩特	31,994.83	67,363.48	131,516.49	448,956.66	679,831.47
7	开封	643,957.95	1,054,424.97	281,287.03	470,446.94	2,450,116.89
8	洛阳	9,821.08	25,350.16	189,895.87	453,336.11	678,403.22
9	南京	518,890.13	722,246.73	494,495.96	429,190.28	2,164,823.10
10	云浮	154,637.53	245,622.98	222,723.26	239,310.59	862,294.35
11	⊟划船机	864,544.05	522,225.31	887,585.86	1,080,860.12	3,355,215.34
12	呼和浩特	31,994.83	67,363.48	131,516.49	288,830.15	519,704.95
13	开封	361,462.26	207,939.22	158,396.20	389,654.61	1,117,452.29
14	洛阳	9,821.08	25,350.16	189,895.87	87,238.80	312,305.91
15	南京	321,132.54	162,778.99	312,754.40	241,776.72	1,038,442.65
16	云浮	140,133.34	58,793.46	95,022.90	73,359.85	367,309.54
17	⊟健美车	1,333,228.24	2,545,552.19	2,894,774.83	5,956,682.88	12,730,238.15

图 5-25 常见透视表完成效果

数据报表也需从受众的角度考虑报表整体的可阅读性，以及受众的信息接收程度。应该如何使数据透视表的布局更加合理？怎么对表格进行美化？拒绝千篇一律，才能够脱颖而出。

5.3.1 修改数据透视表布局

在数据透视表的行 / 列区域字段排列中，同一个区域内的字段会形成上下层级的关系，并呈现在数据透视表中。显而易见的是，默认的排列方式比较单调，无法满足所有工作场合中的规范要求（见图 5-26 和图 5-27）。

求和项:金额	列标签				
行标签	第一季	第二季	第三季	第四季	总计
⊟动感单车	**1,359,301.52**	**2,115,008.33**	**1,319,918.61**	**2,041,240.58**	**6,835,469.04**
呼和浩特	31,994.83	67,363.48	131,516.49	448,956.66	679,831.47
开封	643,957.95	1,054,424.97	281,287.03	470,446.94	2,450,116.89
洛阳	9,821.08	25,350.16	189,895.87	453,336.11	678,403.22
南京	518,890.13	722,246.73	494,495.96	429,190.28	2,164,823.10
云浮	154,637.53	245,622.98	222,723.26	239,310.59	862,294.35
⊟划船机	**864,544.05**	**522,225.31**	**887,585.86**	**1,080,860.12**	**3,355,215.34**
呼和浩特	31,994.83	67,363.48	131,516.49	288,830.15	519,704.95
开封	361,462.26	207,939.22	158,396.20	389,654.61	1,117,452.29
洛阳	9,821.08	25,350.16	189,895.87	87,238.80	312,305.91
南京	321,132.54	162,778.99	312,754.40	241,776.72	1,038,442.65
云浮	140,133.34	58,793.46	95,022.90	73,359.85	367,309.54
⊟健美车	**1,333,228.24**	**2,545,552.19**	**2,894,774.83**	**5,956,682.88**	**12,730,238.15**
呼和浩特	136,814.79	227,344.07	462,382.52	1,056,529.26	1,883,070.63

图 5-26　行区域的上下层级排列

求和项:金额	列标签															
	第一季					第一季 汇总	第二季					第二季 汇总
行标签	呼和浩特	开封	洛阳	南京	云浮		呼和浩特	开封	洛阳	南京	云浮	
动感单车	31,994.83	643,957.95	9,821.08	518,890.13	154,637.53	1,359,301.52	67,363.48	1,054,424.97	25,350.16	722,246.73	245,622.98	2,115,008.33
划船机	31,994.83	361,462.26	9,821.08	321,132.54	140,133.34	864,544.05	67,363.48	207,939.22	25,350.16	162,778.99	58,793.46	522,225.31
健美车	136,814.79	460,390.45	111,984.55	269,234.16	354,804.29	1,333,228.24	227,344.07	837,532.30	440,146.75	740,487.09	300,041.99	2,545,552.19
筋膜枪	17,401.68	483,833.03	186,971.51	95,144.48	84,548.67	867,899.38	110,120.79	801,399.53	224,835.90	467,849.20	338,142.30	1,942,347.72
拉力器	27,466.40	666,760.30	170,342.89	97,529.26	251,937.71	1,214,036.55	45,545.02	1,326,318.35	53,598.92	80,747.11	97,418.16	1,603,627.56
跑步机	90,551.05	268,989.05		130,591.43	164,192.98	654,324.52	181,526.72	500,803.21	10,148.19	366,120.83	448,980.13	1,507,579.08
哑铃	389,686.65	54,999.02	351,000.67	955,516.45	1,111,049.67	2,862,252.46	181,671.83	1,634,123.06	271,222.28	533,786.90	1,023,997.72	3,644,801.76
总计	725,910.23	2,940,392.05	839,941.79	2,388,038.45	2,261,304.19	9,155,586.70	880,935.40	6,362,540.65	1,050,652.34	3,074,016.84	2,512,996.73	13,881,141.96

图 5-27　列区域的上下层级排列

　　单击数据透视表的任意区域，在【设计】选项卡的【布局】组中包含了数据透视表的所有布局调整选项（见图 5-28）。

图 5-28　透视表样式调整选项卡

1. 分类汇总

在多层级的数据透视表中，上一层级会在下一层级组的顶端汇总本类别中的数值总和，因为数据透视表的默认汇总方式为，在组的顶部显示所有分类汇总。但有时反而显得多此一举，因为在表格的底部有合计行，而且更多时候，在每个类别的底部进行汇总更加符合阅读习惯（见图 5-29）。

求和项:金额	列标签				
行标签	第一季	第二季	第三季	第四季	总计
⊟动感单车	**1,359,301.52**	**2,115,008.33**	**1,319,918.61**	**2,041,240.58**	**6,835,469.04**
呼和浩特	31,994.83	67,363.48	131,516.49	448,956.66	679,831.47
开封	643,957.95	1,054,424.97	281,287.03	470,446.94	2,450,116.89
洛阳	9,821.08	25,350.16	189,895.87	453,336.11	678,403.22
南京	518,890.13	722,246.73	494,495.96	429,190.28	2,164,823.10
云浮	154,637.53	245,622.98	222,723.26	239,310.59	862,294.35
⊟划船机	**864,544.05**	**522,225.31**	**887,585.86**	**1,080,860.12**	**3,355,215.34**
呼和浩特	31,994.83	67,363.48	131,516.49	288,830.15	519,704.95

图 5-29　在组的顶部显示所有分类汇总

单击数据透视表区域后，在出现的【设计】选项卡中单击【分类汇总】命令，在弹出的下拉菜单中可以分别选择【不显示分类汇总】、【在组的底部显示所有分类汇总】、【在组的顶部显示所有分类汇总】3个选项。（见图 5-30 至图 5-32）。

图 5-30　透视表分类汇总分布

求和项:金额	列标签				
行标签	第一季	第二季	第三季	第四季	总计
⊟动感单车					
呼和浩特	31,994.83	67,363.48	131,516.49	448,956.66	679,831.47
开封	643,957.95	1,054,424.97	281,287.03	470,446.94	2,450,116.89
洛阳	9,821.08	25,350.16	189,895.87	453,336.11	678,403.22
南京	518,890.13	722,246.73	494,495.96	429,190.28	2,164,823.10
云浮	154,637.53	245,622.98	222,723.26	239,310.59	862,294.35
动感单车 汇总	**1,359,301.52**	**2,115,008.33**	**1,319,918.61**	**2,041,240.58**	**6,835,469.04**
⊟划船机					
呼和浩特	31,994.83	67,363.48	131,516.49	288,830.15	519,704.95

图 5-31　在组的底部显示所有分类汇总

求和项:金额	列标签				
行标签	第一季	第二季	第三季	第四季	总计
⊟ **动感单车**					
呼和浩特	31,994.83	67,363.48	131,516.49	448,956.66	679,831.47
开封	643,957.95	1,054,424.97	281,287.03	470,446.94	2,450,116.89
洛阳	9,821.08	25,350.16	189,895.87	453,336.11	678,403.22
南京	518,890.13	722,246.73	494,495.96	429,190.28	2,164,823.10
云浮	154,637.53	245,622.98	222,723.26	239,310.59	862,294.35
⊟ **划船机**					
呼和浩特	31,994.83	67,363.48	131,516.49	288,830.15	519,704.95

图 5-32 不显示分类汇总

2. 总计

与分类汇总相比，总计的分布选择相对更加丰富（见图 5-33）。

如果选择【对行和列启用】或【对行和列禁用】选项，则数据透视表中行列的总计会同时关闭或开启（见图 5-34）。

图 5-33 透视表总计分布

求和项:金额	列标签				
行标签	第一季	第二季	第三季	第四季	总计
⊞动感单车	1,359,301.52	2,115,008.33	1,319,918.61	2,041,240.58	6,835,469.04
⊞划船机	864,544.05	522,225.31	887,585.86	1,080,860.12	3,355,215.34
⊞健美车	1,333,228.24	2,545,552.19	2,894,774.83	5,956,682.88	12,730,238.15
⊞筋膜枪	867,899.38	1,942,347.72	2,452,416.79	2,760,411.63	8,023,075.51
⊞拉力器	1,214,036.55	1,603,627.56	1,530,328.08	4,170,106.15	8,518,098.34
⊞跑步机	654,324.52	1,507,579.08	1,946,055.49	4,416,135.88	8,524,094.96
⊞哑铃	2,862,252.46	3,644,801.76	2,217,101.34	1,100,444.90	9,824,600.46
总计	9,155,586.70	13,881,141.96	13,248,181.00	21,525,882.14	57,810,791.81

求和项:金额	列标签			
行标签	第一季	第二季	第三季	第四季
⊞动感单车	1,359,301.52	2,115,008.33	1,319,918.61	2,041,240.58
⊞划船机	864,544.05	522,225.31	887,585.86	1,080,860.12
⊞健美车	1,333,228.24	2,545,552.19	2,894,774.83	5,956,682.88
⊞筋膜枪	867,899.38	1,942,347.72	2,452,416.79	2,760,411.63
⊞拉力器	1,214,036.55	1,603,627.56	1,530,328.08	4,170,106.15
⊞跑步机	654,324.52	1,507,579.08	1,946,055.49	4,416,135.88
⊞哑铃	2,862,252.46	3,644,801.76	2,217,101.34	1,100,444.90

图 5-34 对行和列启用总计 VS 对行和列禁用总计

若选择【仅对行启用】命令，数据透视表中将新增一列，对每一行的数据进行求和运算；【仅对列启用】命令则与之相反，表格中将自动新增一行对每一列数据求和汇总（见图 5-35）。

求和项:金额	列标签				
行标签	第一季	第二季	第三季	第四季	总计
⊞动感单车	1,359,301.52	2,115,008.33	1,319,918.61	2,041,240.58	6,835,469.04
⊞划船机	864,544.05	522,225.31	887,585.86	1,080,860.12	3,355,215.34
⊞健美车	1,333,228.24	2,545,552.19	2,894,774.83	5,956,682.88	12,730,238.15
⊞筋膜枪	867,899.38	1,942,347.72	2,452,416.79	2,760,411.63	8,023,075.51
⊞拉力器	1,214,036.55	1,603,627.56	1,530,328.08	4,170,106.15	8,518,098.34
⊞跑步机	654,324.52	1,507,579.08	1,946,055.49	4,416,135.88	8,524,094.96
⊞哑铃	2,862,252.46	3,644,801.76	2,217,101.34	1,100,444.90	9,824,600.46

求和项:金额	列标签			
行标签	第一季	第二季	第三季	第四季
⊞动感单车	1,359,301.52	2,115,008.33	1,319,918.61	2,041,240.58
⊞划船机	864,544.05	522,225.31	887,585.86	1,080,860.12
⊞健美车	1,333,228.24	2,545,552.19	2,894,774.83	5,956,682.88
⊞筋膜枪	867,899.38	1,942,347.72	2,452,416.79	2,760,411.63
⊞拉力器	1,214,036.55	1,603,627.56	1,530,328.08	4,170,106.15
⊞跑步机	654,324.52	1,507,579.08	1,946,055.49	4,416,135.88
总计	9,155,586.70	13,881,141.96	13,248,181.00	21,525,882.14

图 5-35 仅对行启用总计 VS 仅对列启用总计

3. 报表布局

分类汇总与总计只是调整数据透视表的局部呈现效果，【报表布局】命令可以整体改变透视表的布局（见图5-36）。

图 5-36　改变透视表显示效果

比如，让数据透视表以习以为常的表格样式呈现，而非压缩形式。在【报表布局】的下拉菜单中选择【以表格形式显示】命令即可调整（见图5-37）。

求和项:金额		季度				
产品类别	所属区域	第一季	第二季	第三季	第四季	总计
⊟动感单车	呼和浩特	31,994.83	67,363.48	131,516.49	448,956.66	679,831.47
	开封	643,957.95	1,054,424.97	281,287.03	470,446.94	2,450,116.89
	洛阳	9,821.08	25,350.16	189,895.87	453,336.11	678,403.22
	南京	518,890.13	722,246.73	494,495.96	429,190.28	2,164,823.10
	云浮	154,637.53	245,622.98	222,723.26	239,310.59	862,294.35
⊟划船机	呼和浩特	31,994.83	67,363.48	131,516.49	288,830.15	519,704.95
	开封	361,462.26	207,939.22	158,396.20	389,654.61	1,117,452.29

图 5-37　以表格形式显示

但是，将其修改为表格样式之后，出现的空白行并无法通过常规的填充方式或者合并单元格选项填补，而需要在数据透视表的相关选项中完成调整（见图5-38）。

图 5-38　拖曳填充时 Excel 弹出警告

在【报表布局】下拉菜单中单击【重复所有项目标签】命令，可以达到填充空格的目的（见图 5-39）。

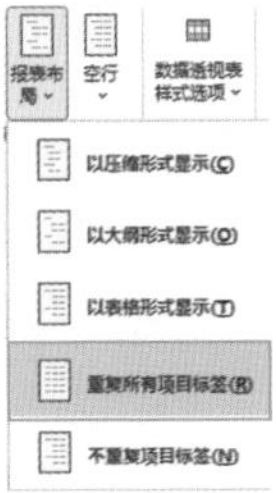

图 5-39　重复所有项目标签

在数据透视表中合并单元格则需要通过【数据透视表选项】命令完成。在透视表区域单击鼠标右键，在弹出的快捷菜单中选择【数据透视表选项】命令。弹出【数据透视表选项】对话框，在【布局和格式】标签中勾选【合并且居中排列带标签的单元格】复选框，单击【确定】按钮完成。数据透视表第一列中的项目将会分别按组合并（见图 5-40）。

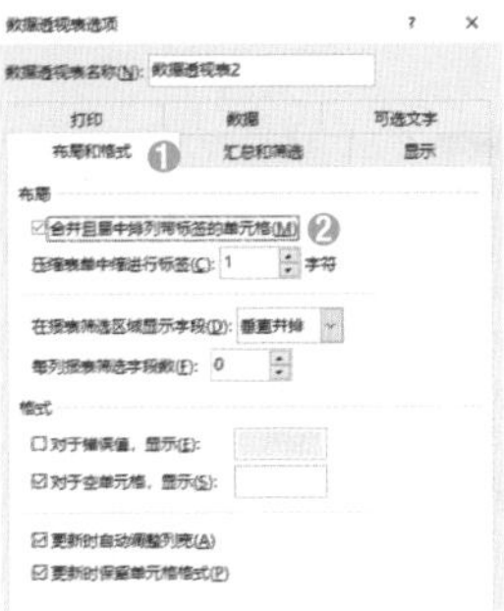

图 5-40　合并且居中排列带标签的单元格

由于数据透视表已经是数据分析后的结果，并且数据透视表中合并单元格的操作可以通过取消勾选【合并且居中排列带标签的单元格】复选框撤销，因而"合并单元格"的操作并不会对数据造成错误影响。

在【数据透视表选项】对话框中，还有关于透视表错误值和空单元格的显示设置、汇总和筛选的设置等，读者可以自行尝试操作。

4. 空行

与前面的调整相比，空行的选项简单清晰得多，仅仅意味着是否在每个类别数据组后插入空行。如果表中的数据比较密集，则可以单击【空行—在每个项目后插入空行】命令，因为此时插入的空行不会再对运算产生影响（见图5-41）。

图5-41　在每个项目后插入空行

5.3.2　修改数据透视表样式

在数据透视表的【设计】选项卡中，所有功能都是为了透视表更好地呈现结果。因此在布局修改之外，还可以调整报表的样式（见图5-42）。

图5-42　【透视表样式】组

细心的读者会发现，数据透视表的默认样式中，标题行是无法通过设置无填充和取消加粗修改样式的。这是因为在【设计】选项卡的【数据透视表样式选项】组中，【行标题】和【列标题】复选框默认为勾选状态，如果取消勾选，字段名称和项目标签的特殊格式将会被清除。【镶边行】和【镶边列】可以达到行列间隔填充背景色的效果（见图5-43）。

取消勾选【列标题】复选框

求和项:金额		季度				
产品类别	所属区域	第一季	第二季	第三季	第四季	总计
	呼和浩特	31,994.83	67,363.48	131,516.49	448,956.66	679,831.47
	开封	643,957.95	1,054,424.97	281,287.03	470,446.94	2,450,116.89
动感单车	洛阳	9,821.08	25,350.16	189,895.87	453,336.11	678,403.22
	南京	518,890.10	722,246.73	494,495.96	429,190.28	2,164,823.10
	云浮	154,637.53	245,622.98	222,723.26	239,310.59	862,294.35
	呼和浩特	31,994.83	67,363.48	131,516.49	288,830.15	519,704.95
	开封	361,462.26	207,939.22	158,396.20	389,654.61	1,117,452.29
划船机	洛阳	9,821.08	25,350.16	189,895.87	87,238.80	312,305.91
	南京	321,132.54	162,778.99	312,754.40	241,776.72	1,038,442.65
	云浮	140,133.34	58,793.46	95,022.90	73,359.85	367,309.54

取消勾选【行标题】复选框

图 5-43　取消勾选【行标题】/【列标题】复选框的效果

【设计】选项卡下还可以直接选择多种内置的透视表样式应用到报表之中，单击数据透视表样式中的下拉箭头，选择相应的表格样式即可（见图 5-44）。

图 5-44　套用表格样式

如果觉得内置的数据透视表样式不能完全符合需求，单击【新建数据透视表样式】命令，在弹出的【新建数据透视表样式】对话框中可以依次对表格中的元素进行调整美化，让用户自定义更多透视表样式模板（见图 5-45）。

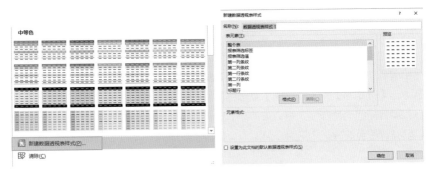

图 5-45　新建数据透视表样式

5.4　玩转数据透视表

掌握数据透视表的基本要素和知识点，在分析数据时能够更加得心应手，提高效率。不过数据透视表还有更多等待揭晓的小技巧，帮助我们使用好这个强大的数据分析工具。

5.4.1　利用组合功能制作价格区间

在数据透视表字段，数值字段更多是置于值区域参与运算的。

数据除了参与运算，还需要在报表中呈现其他维度的结果，比如，划分不同的单价区间，对各产品销量进行分析，以了解价格设置对不同产品的影响（见图5-46）。

图 5-46　组合效果图

首先，将单价字段拖曳置于行区域，此时"单价"列的数据为数据源中所有单价去重后的结果。

然后，选中"单价"列任意一个单元格，单击鼠标右键，在弹出的快捷菜单中选择【组合】命令。在弹出的【组合】对话框中可以自动根据当前透视表的数据填充组合区间的起始数值、终止数值及步长（区间间隔），也可以手动输入参数。

最后，数据透视表就会根据组合中输入的参数将"单价"列组合，且以区间为整体对其他字段进行排列计算（见图5-47）。

图 5-47　对数字进行组合

完成组合之后，若要查看各项具体数值，只需双击值区域字段列的任意单元格，Excel 就会创建新的明细工作表（见图5-48）。

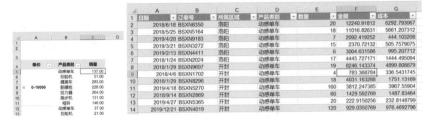

图 5-48　双击值字段列单元格查看明细

事实上，数值的区间组合十分简单，价格、成绩单等都可以通过此功能完成。

若是设置的区间无法涵盖该字段的所有数值，那么小于区间最小值或大于区间最大值的数据都会分别自动组合为新的区间（见图 5-49 和图 5-50）。

图 5-49　当组合区间涵盖所有数值

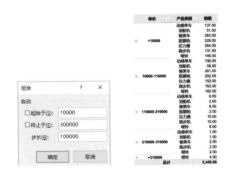

图 5-50　当部分数值超出区间范围

组合功能不仅对数值生效，对文本也如此，不过组合文本相较于数值而言需要完成更多操作。

若同一区间的文本并非连续排列，则可以按住【Ctrl】键选择不连续的文本单元格，选中后单击鼠标右键，在弹出的快捷菜单中选择【组合】命令，即可完成第一个区间的创建。

第一个区间创建之后，该字段中未被选中组合的文本将默认独立为一个区间。再次选择统一区间的单元格区域，单击鼠标右键，在弹出的快捷菜单中选择【组合】命令，创建其他组合。重复以上操作直至完成所有区间创建（见图 5-51）。

求和项:金额	所属区域	
产品类别	呼和浩特	开封
动感单车	679,831.47	2,450,116.89
划船机	519,704.95	1,117,452.29
健美车	1,883,070.63	1,953,068.80
筋膜枪	902,762.55	3,621,181.94
拉力器	543,320.52	4,626,447.39
跑步机	1,659,402.01	1,177,292.07
哑铃	1,218,894.97	2,398,769.86
总计	**7,406,987.11**	**17,344,329.23**

求和项:金额		所属区域	
产品类别2	产品类别	呼和浩特	开封
数据组1	动感单车	679,831.47	2,450,116.89
	划船机	519,704.95	1,117,452.29
	健美车	1,883,070.63	1,953,068.80
	跑步机	1,659,402.01	1,177,292.07
筋膜枪	筋膜枪	902,762.55	3,621,181.94
拉力器	拉力器	543,320.52	4,626,447.39
哑铃	哑铃	1,218,894.97	2,398,769.86
总计		**7,406,987.11**	**17,344,329.23**

图 5-51　选择进行组合的单元格

完成区间组合之后，选中组合后的单元格，在编辑栏中输入新的名称，按下【Enter】键，区间组合这一步就完成了（见图 5-52）。

求和项:金额		所属区域	
产品类别2	产品类别	呼和浩特	开封
大型运动器械	动感单车	679,831.47	2,450,116.89
	划船机	519,704.95	1,117,452.29
	健美车	1,883,070.63	1,953,068.80
	跑步机	1,659,402.01	1,177,292.07
小型运动器械	筋膜枪	902,762.55	3,621,181.94
	拉力器	543,320.52	4,626,447.39
	哑铃	1,218,894.97	2,398,769.86
总计		**7,406,987.11**	**17,344,329.23**

图 5-52　完成透视表文字组合

5.4.2　按年份将单表拆分为多表

除了熟知的功能技巧，数据透视表还有一个比较“冷门”的作用——将单个工作表拆分为多个表格。

下面，我们以按年份拆分表格内容为例来讲解。

首先，将年份字段拖动置于筛选器区域。如果数据源中并没有已经创建的年份维度，则只需要将表格中规范的日期字段置于行区域或列区域中，数据透视表会智能计算出年份、季度等日期维度，将自动创建的“年”字段拖曳至筛选器区域，移除其他非必要的时间维度字段。

然后，依次拖动其他字段完成数据透视表的创建（见图 5-53）。

完成创建之后的操作才是拆分表格的核心步骤。单击数据透视表区域后，单击【数据透视表分析】选项卡最左侧的【选项】向下箭头，在弹出的下拉菜单中选择【显示报表筛选页】命令，并在弹出的对话框中直接单击【确定】按钮，就可以完成按年份拆分表格（见图 5-54）。

图 5-53　完成透视表创建

图 5-54　显示报表筛选页

最终生成的不同年份工作表中将会依照源数据透视表的分析维度创建新的透视表格（见图 5-55）。

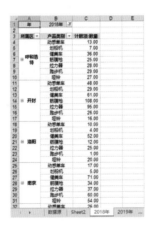

图 5-55　使用透视表创建新工作表

如果仅仅需要生成空白的以年份为名称的工作表，则除筛选器区域外，其他区域无须拖曳字段。依旧选择【显示报表筛选页】命令，并在弹出的对话框中单击【确定】按钮，就可以完成表格拆分。但创建的新工作表中也会同步保留筛选页内容（见图 5-56）。

图 5-56　显示报表筛选页后的内容

结合之前所学知识点，单击首个需要删除筛选页内容的工作表标签，按住【Shift】键后单击最后一个工作表标签，即可选择多个连续工作表。保持选中状态，在其中一个工作表页面选择报表筛选页单元格，选择【开始】选项卡下的【清除—全部清除】命令，就可以得到空白的新工作表（见图 5-57）。

图 5-57　全部清除

不过，若是以报表筛选页创建的新工作表中已经有其他区域字段，则区域清除的操作会无法执行，亦无法直接删除当前行/列（见图 5-58）。

图 5-58　清除透视表错误提醒

那么，就只能另辟蹊径解决问题。首先依旧选中所有需要修改的工作表，在其中一个工作表中选择相应数量的行或者列。同时按住快捷键【Ctrl+C】复制区域，再单击 A1 单元格，按快捷键【Ctrl+V】完成粘贴，原来的数据透视表就会被覆盖"删除"（见图 5-59）。

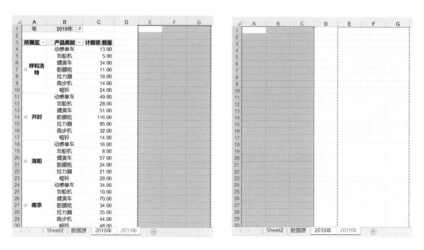

图 5-59　"删除"透视表内容

5.4.3　利用切片器实现多维数据筛选

数据透视表中的筛选功能有 3 种方式。

一是数据项目标签中的默认筛选按钮；二是筛选器区域字段设置；三是下面要介绍的切片器。

与前两者相比，切片器能更快完成多维度的数据筛选操作，并且可视化效果更优（见图 5-60）。

图 5-60　使用切片器完成多维数据筛选

数据透视表的字段区域，同一字段在筛选器、行区域和列区域中只能存在于一个之中，无法多次选择拖动。但实际工作中，筛选选项与报表数据维度重复的情况比比皆是，切片器筛选即可解决此类问题。

将鼠标光标置于数据透视表区域，在【数据透视表分析】选项卡中单击【插入切片器】命令，弹出【插入切片器】对话框，即可选择任意字段生成切片器筛选器（见图 5-61）。

图 5-61　插入日期切片器并选择维度

单击切片器，将会出现新的选项卡——【切片器】，关于切片器的美化调整，在【切片器】选项卡中都能够找到答案（见图 5-62）。

图 5-62　【切片器】选项卡

　　不过，可视化并不是切片器的重点，它的重要之处还在于单个切片器可以连接多个报表，即【切片器】选项卡中的【报表连接】功能。单击【报表连接】命令，在弹出的【数据透视表连接】对话框中勾选需要关联的报表名称，就可以通过单个切片器同时筛选不同报表的数据（见图 5-63）。

图 5-63　设置报表连接

　　更多关于切片器的调整，单击【切片器】选项中的【切片器设置】命令，在弹出的【切片器设置】对话框中可以修改（见图 5-64）。

图 5-64　切片器设置

　　切片器可以筛选所有字段内容，但若是以日期作为筛选维度，还需要提前计算出年份、月份或季度，因为切片器提供的是对数据源去重后的结果（见图 5-65）。

　　对日期的筛选，Excel 显然做了充足的准备，设计了日程表功能，不必在数据源中使用各种函数提取年、月、季度、维度等。

当然，此功能的使用前提是需要保证源数据中的日期格式规范。在【数据透视表分析】选项卡中单击【插入日程表】命令，在弹出的【插入日程表】对话框中勾选【日期】复选框，并单击【确定】按钮（见图5-66）。

图 5-65　以日期为维度

图 5-66　插入日程表

日程表会自动为日期创建不同分析维度，在日程表右侧单击下拉箭头，即可选择切换维度（见图5-67）。

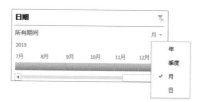

图 5-67　在日程表中切换日期维度

第6章

可视化图表：让你的数据更有说服力

6.1 Excel 常见图表类型

相较数字和文字，图表在数据展示方面显然更胜一筹，除了可以直观地呈现数据之间的异同和趋势，还能够快速捕捉用户的视线，便于受众快速理解数据背后的意义，让信息传达更加高效。在调研报告、公开演讲或者工作汇报等情景中，使用图表呈现数据已经逐渐成为潮流。

随着版本的更新迭代，Excel 提供了越来越丰富的图表以供选择应用。自 Offfice 2013 新增了组合图之后，Office 2016 版本又新增了树状图、旭日图等 6 种图表。现在 Excel 图表库已经拓展到 17 种图表类型，每种类型下又细分出若干种子图表类型（见图 6-1）。

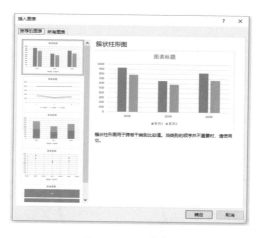

图 6-1　Excel 图表类型

万变不离其宗，图表的功能和基本结构都相对固定。在常规应用之中，只需要掌握几种常见的图表加以使用即可。基础知识点熟记于心之后，对衍生和拓展的图表自然更加容易理解。

6.1.1　柱形图 & 条形图

柱形图以水平轴（x 轴）显示类别，以垂直轴（y 轴）显示数值，常用于比较一段时间内数据的变化或者同类的几组数据。

以比较不同年份甲乙两种产品的销量为例，既可以将年份作为比较维度，也可以将产品作为比较维度（见图 6-2）。

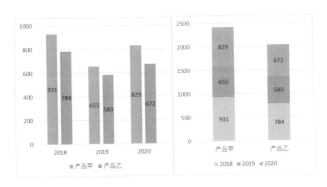

图 6-2　簇状柱形图与堆积柱形图

图 6-2 左图使用的是簇状柱形图，能够直观比较同一年份甲乙两种产品的销量差距；图 6-2 右图为堆积柱形图，能够直观比较甲乙产品销售量总和的差距，以及各个年份销量占总销量的大致比例。

与堆积柱形图相似的还有百分比堆积柱形图。百分比堆积柱形图强调同一类别中各个值占总体的百分比，尤其是不同类别的总计一致时，可以选用此图表（见图6-3）。

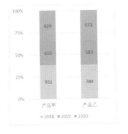

图 6-3　百分比堆积柱形图

除了二维图表，大多数图表类型还有衍生的三维立体图表，此处不再赘述（见图6-4）。

图 6-4　柱形图图表类型

柱形图是垂直方向上将数据进行对比，条形图是水平方向上的比较，仅仅是将柱形图横纵坐标调换位置，使用场景相似。当表格中的数据类别较多或字段名称较长时，则更倾向于使用条形图进行比较（见图6-5）。

在条形图类型中，也含有二维簇状条形图、堆积条形图、百分比堆积条形图和三维图表类型。单击【插入】选项卡【图表】组中的对话框启动器图标　（见图6-6）。在弹出的【插入图表】对话框中选择【所有图表】下的【折线图】标签，可以进行预览，仅根据需求选择不同的图表类型应用。

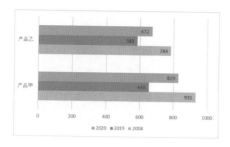

图 6-5　条形图　　　　　　　　　　　图 6-6　单击【图表】组的对话框启动器图标

6.1.2　折线图

　　折线图能够在均匀按照比例缩放的坐标轴上显示一段时间内的连续数据，因此常用于体现间隔相等的某一时间维度下数据的变动趋势（见图 6-7）。

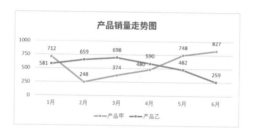

图 6-7　折线图

　　默认生成的折线图仅仅是趋势线。如果想要重点标示出数据系列中的各个时间节点，则在选择数据系列后，单击鼠标右键，在弹出的快捷菜单中选择【设置数据系列格式】命令，右侧出现【设置数据系列格式】对话框，在【填充与线条】中单击【标记—标记选项】，选择【内置】单选项后即可修改标记的样式和大小（见图 6-8）。

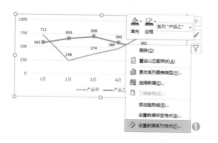

图 6-8　设置数据系列格式

折线图还有一个特殊的功能——设置为平滑线。依旧打开【设置数据系列格式】对话框，在【填充与线条】页面最底部，勾选【平滑线】复选框，折线图的走势将会更加平缓（见图6-9）。

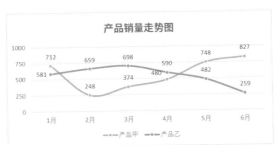

图6-9 设置折线图为平滑线

6.1.3 饼图

饼图能够最直接突出一组数据中不同项目的占比，强调数据系列中的子项目和所有项目数值总和的比例关系（见图6-10）。

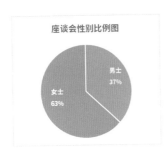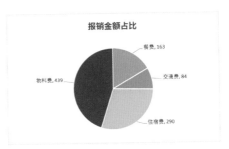

图6-10 饼图

然而，更多时候，我们看到的饼图如图6-11所示。在类别较多的情况下，无法清晰判断各子项目的占比。如何为新建的饼图添加数据标签呢？

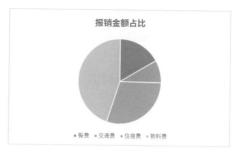

图 6-11　默认添加的饼图样式

单击饼图扇区区域，单击鼠标右键，在弹出的快捷菜单中选择【添加数据标签—添加数据标注】命令，每个扇区代表的类型和占比就会在图表外显示（见图 6-12）。

图 6-12　为饼图添加数据标注

数据标签还可以自定义形状和内容。单击饼图中任意一个数据标签，即可完成选择图表区域内所有数据标签，单击鼠标右键，在弹出的快捷菜单中选择【更改数据标签形状】命令，可将标签修改为其他形状；选择【设置数据标签格式】命令，右侧出现【设置数据标签格式】对话框，则可在【标签选项】中定义标签的内容（见图 6-13）。

如果想要实现扇区之间分离，则在选中饼图扇区后单击鼠标右键，在弹出的快捷菜单中选择【设置数据系列格式】命令，右侧出现【设置数据系列格式】对话框，拖动调整扇区之间的分离程度。为了避免饼图呈现的结果过于分散，对分离参数细微调整即可（见图 6-14）。

图 6-13　设置数据标签格式

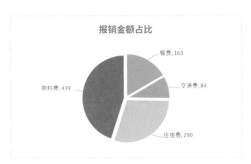

图 6-14　调整饼图扇区分离

重点突出某个子项目内容时，可以直接双击该子项目扇区，选中后拖动扇区就可以实现分离突出显示（见图 6-15）。

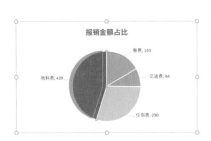
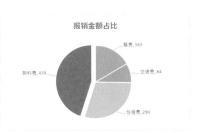

图 6-15　分离单一扇区

若是数据中多个类别的占比较低，那么在一个饼图中呈现所有类别并非是最佳选择。此时可以选择子母饼图、复合条饼图等图表类型（见图6-16）。

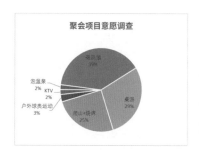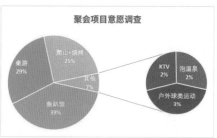

图 6-16　常规饼图与子母饼图

单击数据区域，在【插入】选项卡【图表】组中选择二维饼图下的【子母饼图】图标。不过自动生成的图表未必能够将所有低于一定比例的子项目数据归于第二绘图区中，此时依旧选中饼图扇区，单击鼠标右键，在弹出的快捷菜单中选择【设置数据系列格式】命令，右侧出现【设置数据系列格式】对话框，即可修改第二绘图区中的值（见图6-17）。

图 6-17　修改第二绘图区中的值

6.1.4　散点图

散点图可用于显示和比较一个或者多个数据系列在一定条件下的相关性和变化趋势，通常在显示科学数据或对比产品单价利润之间相关性等场景中可以应用

（见图6-18）。

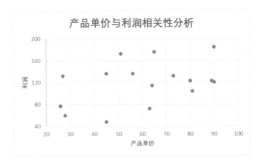

图6-18　散点图

由于散点图的横/纵坐标轴最小值一般为0，所以在生成散点图之后，可以分别选中横坐标轴和纵坐标轴，单击鼠标右键，在弹出的快捷菜单中选择【设置坐标轴格式】命令，右侧出现【设置坐标轴格式】对话框，修改坐标轴的最大值和最小值（见图6-19）。

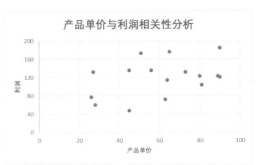

图6-19　修改坐标轴最小值为0

6.2　Excel图表的基础操作

尽管Excel中内置了许多不同的图表类型，并且由于图表类型不同，设置也会有所不同。想要让图表更加完美，首先要掌握最基础的操作。

6.2.1　插入图表

选择数据区域后，在【插入】选项卡的【图表】组中可以看到【插入图表】

命令，相对常见的图表可以直接在【图表】组中选择，也可以单击【推荐的图表】命令打开【插入图表】对话框（见图 6-20）。

图 6-20 插入图表

在【插入图表】对话框中有两个标签，分别是【推荐的图表】和【所有图表】。在【推荐的图表】标签下，Excel 会根据当前的数据内容生成多种图表预览图。若是没有符合需求的，则可以切换到【所有图表】标签，选择相应的图表类型并单击【确定】按钮，基本的图表创建就完成了。

6.2.2 修改图表数据

创建图表之后，如果需要修改图表数据区域，则在单击图表后选择【图表设计】选项卡中的【选择数据】命令，打开【选择数据源】对话框。单击【图表数据区域】右侧的按钮，即可通过鼠标拖动重新选择图表数据源（见图 6-21）。

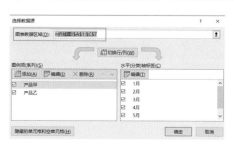

图 6-21 选择图表数据

在【图例项（系列）】和【水平（分类）轴标签】中，单击相应的命令可以编辑已经选择的数据。

【选择数据源】对话框里还有两个重要的图表操作小技巧，切换行 / 列及修改源数据中隐藏或空单元格的显示设置。

单击【切换行 / 列】按钮可以直接将图表中的横纵坐标的数据对调。

单击【隐藏的单元格和空单元格】按钮，可以打开【隐藏和空单元格设置】对话框。在【空单元格显示为】后面选择【零值】单选项，可以避免出现由于源数据中存在空白单元格而导致的折线图曲线断层的情况（见图 6-22）。

修改数据区域还有两个更加简单快捷的操作方法：第一种方法是单击图表区域后，将鼠标光环放置于数据源边缘，在鼠标光环形状发生变化之后即可拖动修改数据区域；第二种方法适用于新增数据，选择新的数据区域，按住快捷键【Ctrl+C】，再单击图表区域，按下快捷键【Ctrl+V】完成粘贴（见图 6-23）。

图 6-22　设置隐藏和空单元格

图 6-23　修改数据区域

6.2.3　更改图表类型

完成了图表整体设置之后需要改变图表类型，在 Excel 中仅仅小事一桩。选中图表区域后，单击【图表设计】选项卡中的【更改图表类型】命令，弹出【更改图表类型】对话框，即可直接选择应用其他图表类型（见图 6-24）。

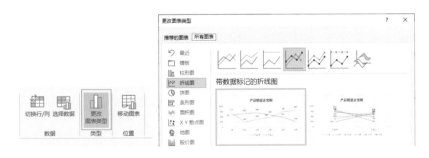

图 6-24　更改图表类型

6.2.4　调整图表布局

在【图表设计】选项卡的【图表布局】组中，可以快速定义不同的图表布局方式。

【添加图表元素】下拉菜单中的功能用于单独增加、修改及删除图表标题、横 / 纵坐标轴标题、数据标签等元素和位置。【快速布局】下拉菜单则提供了多种不同的图表整体布局排版搭配，当鼠标光标悬浮于布局样式上时，就会弹出相应的图表元素的介绍，满足多样化的布局方式要求。不论是哪种图表布局方式，直接单击就可以将其应用到图表之中（见图 6-25 和图 6-26）。

图 6-25　快速添加图表元素与快速修改布局

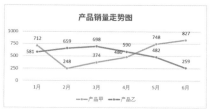

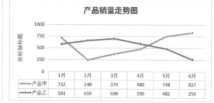

图 6-26　应用不同的快速布局样式

在不同图表中，布局样式的选择也会随图表发生改变，使其更加贴合图表整体设计（见图 6-27）。

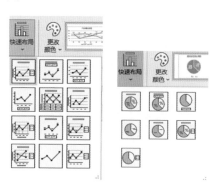

图 6-27　折线图和饼图的快速布局样式差异

6.2.5 快速美化图表

图表的美化分为数据系列、图表整体版式和文字的美化。锁定【图表设计】选项卡的【图表样式】组，单击【更改颜色】下拉箭头之后，可以为当前图表修改系列主题色，但不影响图表布局的文字样式。直接单击右侧不同的样式即可套用到图表中，此时图表中的各种元素都会随着应用不同的样式而改变（见图6-28）。

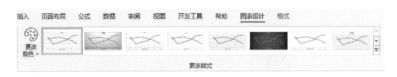

图 6-28　更改图表配色

切换到【格式】选项卡，在【形状样式】组和【艺术字样式】组中，可以单独对图表的各个部分做出调整美化（见图6-29）。

图 6-29　调整形状或文字样式

选择图表中不同的元素后，单击鼠标右键，在弹出的快捷菜单中可以看到相应的设置命令，同时按住快捷键【Ctrl+1】可以直接打开相关的设置面板。例如，选中数据系列后直接单击鼠标右键，可以在弹出的快捷菜单中选择【设置数据标签格式】或【设置数据系列格式】等命令（见图6-30）。

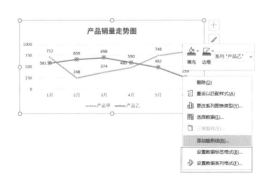

图 6-30　设置数据标签格式或设置数据系列格式

6.2.6 制作组合图表

当数据中存在不同的类别但需要在同一个图表中展现时,组合图表能够更清晰地表现数据之间的变动和差异(见图6-31)。

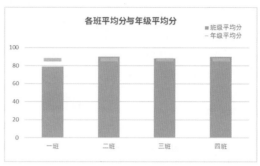

图 6-31 组合图表

(1)填充好数据源之后,在【插入】选项卡中单击【图表】组的对话框启动器图标,弹出【插入图表】对话框,在【所有图表】标签中选择【组合图】,为两个数据系列分别选择相应的图表类型,基本雏形就完成了。

当数据的最大值和分类是同一维度时,如班级和年级分数均为百分制,则无须勾选【次坐标轴】复选框;当无法在同一维度比较源数据时,如数据系列最大值分别为个位数和千位数时,则可为其中一个数据系列勾选【次坐标轴】复选框(见图6-32)。

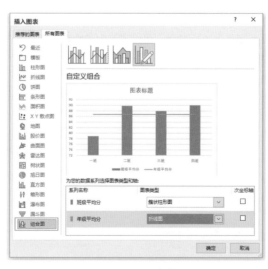

图 6-32 插入组合图

单击【确定】按钮，完成图表雏形创建。

（2）双击图表坐标轴，Excel右侧会出现【设置坐标轴格式】面板，可以调整边界和单位，使坐标轴分布更加合理（见图6-33）。

图6-33 调整坐标轴

但是，怎么能够将图表设置为示例图的样式？双击图表中的折线，右侧出现【设置数据系列格式】面板，在线条下选择为【无线条】单选项，并设置标记类型和大小。

图6-34 修改线条及标记颜色

（3）根据数据内容填充图表标题，并对数据系列颜色、图例等元素进行优化排版，组合图表就可以宣告完成。

组合图表并不仅仅适用于两个数据类型，了解组合图表的原理和设置方式之后，还可以在示例图的基础上完成子弹图的制作，以及其他更加复杂的图表。技能或许存在局限性，但思维永无边界（见图 6-35）。

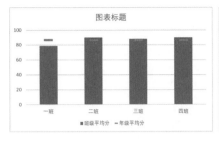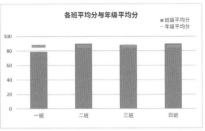

图 6-35　调整图表版面

6.3　Excel 图表的专业性及美化

工作汇报、产品发布、活动策划宣讲……相较文字，图表对数据展现效果更优，便于观众直接获取重要信息。但是在不同场合，如何让图表发挥最大的可视化效果，就要通过调整搭配突出其专业性。

6.3.1　专业图表的构成要素

图表中包含的基础元素分为几个类别：系列、类别、图例、数据标签和坐标轴。并非所有的元素都需要同时存在于一个图表中，根据数据内容对元素进行增删调整才是正确的选择（见图 6-36）。

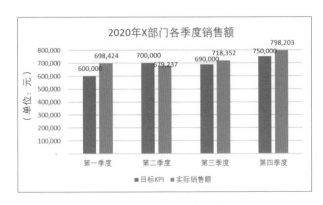

图 6-36　合理增删图表元素

什么类型的图表可以称为专业图表？以下几个特征需要掌握。

1. 图表类型适配

不同的图表类型代表的含义和展示的场景有所差异，如柱形图表现数据的分布，饼图凸显的是各类别占总额的百分比。结合数据特征选择合适的图表，才能突出数据的重要信息（见图 6-37）。

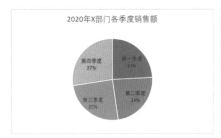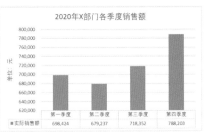

图 6-37　同一份数据选择不同图表类型的展现效果

2. 有效传达信息

一旦图表脱离数据而存在，其展示就不具备必要性，因为图表设计最重要的目标依然是传达信息，只不过借由不同的表达方式使得数据和内容更具可读性。因此图表传达的信息或者观念必须保证简洁明确，确保受众可以直截了当从中获取信息，不会出现偏差。

3. 视觉设计简洁

鲜亮的颜色能够吸引受众注意，但过于丰富的色彩未必适用于所有演示场合；将数据中所有信息堆砌在图表中或许已经足够详尽，却使得重要信息也被"隐藏"。Excel 中内置的色彩搭配方案和布局方式尽管提供了便利的选择，很多时候直接应用却会"踩中雷点"，追求整体的简洁与和谐才会让图表更加专业协调。

一份专业的图表中究竟应该具备哪些元素？这个问题或许在不同的读者心中有不同的见解，难以有明确的定论，需要因时因地做出调整。最佳的准备方法就是多收集、参考优秀案例，以不断改进提升。

6.3.2　职场常用表格美化方法

图表美化的两大入手点——元素和配色。图表元素的增删并不存在很大难度，对于大多数人而言，美化的门槛在于自行完成配色设计。事实上，配色方案早有专业的设计师替我们完成，如何应用到图表中为其加分才是关键。

1. 获取专业配色方案

不同色彩能够带给人不同的心理体验和感受，善用色彩搭配能够使报表给人耳目一新之感，也是专业素养的体现。然而，对于更多将时间花费在数据处理上的读者而言，善用搜索引擎从专业的配色网站上获取色彩搭配方案能够节省大量调整、修改的时间。

Excel 可以通过色彩 RGB 值或十六进制锁定颜色，因此，可以通过第三方软件的帮助获取以上数值，再输入到 Excel 中（见图 6-38）。

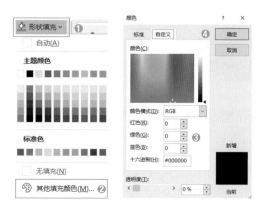

图 6-38　自定义填充颜色

2. 突出显示重点数据

在系列数据之中，总有些数据需要特别关注，可以用填充颜色加以区分。

双击需要填色的数据系列即可单独选中，在【格式】选项卡中单击【形状填充】命令，在下拉菜单选择相应的颜色将内容重点标记（见图 6-39）。

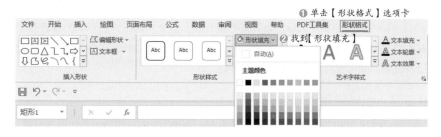

图 6-39　【形状填充】命令

效果如图 6-40 所示。

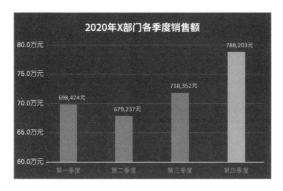

图 6-40　标记重点内容

3. 适当添加点缀色

在必须保证数据系列类型配色统一的情况下，还可以选择在图表中添加点缀色。除了使图表更加亮眼，还可以为观众提供阅读方向的指引（见图 6-41）。

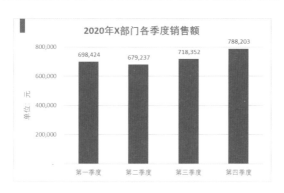

图 6-41　添加点缀色

6.3.3　设计与《经济学人》一样的专业图表

正如"一千个读者有一千个哈姆雷特"，不同的图表设计者也会因为个人偏好等因素而产生不同的创意。

想要设计出专业的图表，首先需要对优秀的案例进行拆解，分析出专业期刊中图表的数据呈现方式和设计要点，将各种优秀的图表作为灵感来源（见图 6-42）。

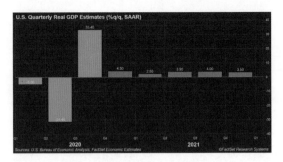

（来源：macrotrends 金融数据画图网站）

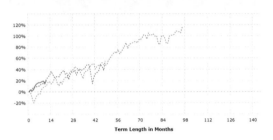

（来源：FactSet）

图 6-42　优秀图表参考

6.4　比 Excel 更强大的可视化工具：Power BI

Power BI 这款工具的知名度相较 Excel 还有一定差距，但 Power BI 功能的强大之处有过之而无不及。微软开发这个工具的核心理念就是让更多人在没有强大的技术背景支持下也可以进行大数据分析处理，以完成决策（见图 6-43）。

Power BI 包　括 Power Query、Power Pivot、Power View 和 Power Map 几个组件，涵盖了从多种数据源中获取数据、数据处理建模分析和创建可视化报表等功能。Power BI 还包含桌面版 Power BI Desktop、在线 Power BI 服务和移动端 Power BI 应用，可以实现在不同设备和人员之间的无缝传输。

Power BI Desktop

图 6-43　Power BI 软件图标

在可视化呈现方面，Power BI 可以通过拖曳轻松创建可交互的高"颜值"报表，并且修改配置，使得报表能够实时自动更新（见图 6-44）。

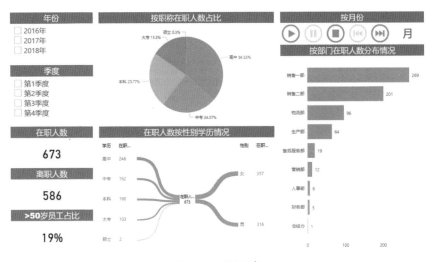

图 6-44 可视化图表

Excel 和 Power BI 两个工具之间的功能壁垒很低，从 Excel 2016 专业增强版起，就内置了 Power BI 的插件，而 Power BI 能够导入包括 Excel 文件在内的多种数据源进行分析处理，二者的软件界面也有颇多相似之处。

Power BI 报表主界面由选项卡功能区、视图切换窗口、展示画布、图表设计和数据字段区域组成，当通过视图切换窗口切换到不同视图下时，页面功能的排列都会相应发生改变（见图 6-45）。

图 6-45 Power BI 界面

选项卡功能区分为【文件】、【主页】、【插入】、【建模】、【视图】和【帮助】5 个界面（部分旧版本只有【文件】、【开始】、【建模】和【视图】4 个界面），包含了 Power BI 中的大部分功能命令。

类似于 Excel 的操作，Power BI 也可以通过切换选项卡选择更多功能（见图 6-46）。

图 6-46　Power BI 选项卡功能区

视图切换窗口可以切换报表视图、数据视图和模型视图。报表视图用于建立可视化视觉对象，数据视图用于数据处理和查阅，模型视图中则可以为多个工作表字段创建关系连接。切换到不同视图时，呈现界面截然不同。

之前的章节中已经简单展示过 Excel 中 Power Query 和 Power Pivot 插件的使用方式和应用场景，本章将会重点介绍如何通过 Power BI 完成可视化报表的制作。

制作报表的第一步在于将数据导入 Power BI。单击【主页】选项卡中的【获取数据—更多】命令，可以查看所有获取数据方式。在【主页】选项卡中也可以单击【输入数据】命令直接录入，但此种方式采用较少（见图 6-47）。

图 6-47　在 Power BI 中获取数据

以导入 Excel 文件为例，选择 Excel 文件后单击【选择】命令，在弹出的对话框中选择相应的工作簿，单击【确定】按钮后将会弹出【导航器】面板，在左侧相应的工作表前勾选复选框，单击【加载】按钮就可以将数据载入 Power BI。

如果工作簿中的数据还有待整理规范，则单击【转换数据】按钮将数据加载到 Power Query 再清理修整（见图 6-48）。

图 6-48　加入数据至 Power BI

若是已经将不规范的数据加载到了 Power BI 中，则单击【主页】选项卡中的【转换数据】命令，依然可以再次打开 Power Query（见图 6-49）。

载入数据并处理完成后，在报表视图下，单击右侧【可视化】区域中的图标即可在画布中创建视觉对象，在右侧的字段区域中勾选字段或者将字段拖动到视觉对象相应的属性区，即可完成填充（见图 6-50）。

图 6-49　【转换数据】命令

填充视觉对象之后，在【可视化】区域下方单击【格式】图标，可以美化和修改视觉对象的参数（见图 6-51）。

图 6-50　创建视觉对象　　　图 6-51　【可视化】区域

　　通过多次创建视觉对象并填充字段，并对图表进行美化设计和位置拖动排列，即可完成交互式可视化报表的创建。当单击不同的图表时，其他对象的结果将自动随着选择的数据也切换数据结果（见图 6-52）。

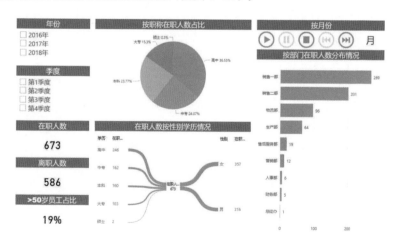

图 6-52　联动的数据展示效果

　　Power BI 内置了约 30 种不同的图表样式，以满足大多数工作场合中的数据展示要求。不过为满足更丰富的报表设计需要，单击【可视化】区域中的 ···

图标，可以在登录后从网页或者直接从文件中导入视觉对象（见图6-53）。

图 6-53　导入外部视觉对象

　　如果要详尽描述 Power BI 的功能，都可以另外写一本书了。本章仅抛砖引玉，希望有更多读者由此认识更多数据分析工具，在职场中脱颖而出。

第 7 章

数据分析与可视化思维：让数据处理更专业

7.1 数据分析思维

7.1.1 预测思维

在我们的生活中,处处存在着预测的行为。例如,我们会预测一场球赛的胜负,预测奥斯卡最佳男主角花落谁家,预测明天的天气怎么样。

在种种场景中,我们往往不经意间就做出了预测行为,运用了预测思维,可以说,预测思维是我们每个人与生俱来的能力。

预测思维是指人们利用已有的知识、经验在对事物过去和现在认识的基础上,对事物的未来或未知的前景,预先做出估计、分析、推测和判断的一种思维过程,从而减少对未来的不确定性,实现合理规划、理性决策的目的。

然而,尽管每个人都拥有预测思维,但并不是人人都能做出正确的预测。

一次成功的预测能够使一家公司抓住市场机遇,从而大获成功;而一次失败的预测,也会使所有的积累荡然无存,血本无归。

因此,正确掌握预测方法和预测思维,就显得尤为重要。特别是随着信息技术和互联网的飞速发展,我国已进入大数据时代,数据将发挥前所未有的重要作用,为社会、企业和个人创造巨大的财富。预测思维将在数据分析的过程中发挥至关重要的作用。

作为强大的办公数据处理软件,Excel 为职场人士提供了多种预测数据的方法,通过计算机强大的计算能力,在现有数据的基础上给出合理的结果预测,从而为决策提供数据支持。

需要指出的是,预测行为具有不确定性,预测对象处于错综复杂的关系中,本身不断发展变化,因而事前的预测与实际结果往往会出现偏差,只能是一个近似值,即便是世界上计算能力最强大的超级计算机,也无法给出精准的结果。因此,我们需要理性看待预测结果,正确、合理地使用它。

假设已知公司 2016—2020 年的利润额,领导想让你预测一下 2021—2023 年的利润额,以便制定相应的营业目标(见图 7-1)。

在 Excel 中,主要有函数和趋势线两种方法来预测数据,接下来将分别讲解这两种方法。

⊿	A	B	C
1			
2	时间(年)	利润(千万元)	
3	2016	2.12	
4	2017	3.22	
5	2018	3.45	
6	2019	3.67	
7	2020	4.14	
8	2021		
9	2022		
10	2023		
11			

图 7-1 公司 2016—2020 年利润额

1. 利用 TREND 函数预测数据

在 Excel 中，可以使用 TREND 函数预测数据。TREND 函数通过构造线性回归方程，返回线性趋势的值，在已知 Y 值（即 2016—2020 年的利润值）、X 值（即 2016—2020 年），预测 X（即 2021 年—2023 年）对应的 Y 值。

TREND 函数的语法表达式为：TREND(已知的 Y 值，[已知的 X 值]，[给出的新 X 值]，[逻辑值])，其中第一项为必选项，后三项为可选项。

第一项表示已知的 Y 值，即单元格区域 B3:B7 中的内容，代表 2016—2020 年的利润值。

第二项表示已知的 X 值，即单元格区域 A3:A7 中的内容，代表 2016—2020 年的年份。如果省略第二项，则假设该数组为 {1,2,3,……}，长度与第一项相同。

第三项表示给出的新 X 值，也就是希望 TREND 函数返回对应 Y 值的新 X 值。如果省略第三项，则长度与第一项相同，在此处将值设置为"A8:A10"。

第四项表示一个逻辑值，用来确定是否将直线方程中的常量 b 设为 0，如果省略或为 TRUE，则将按正常计算。

根据以上说明，我们只需要在 B8 单元格输入 TREND 函数的表达式，并在对应项中填充相应内容即可（见图 7-2）。

输入公式 =TREND（B3:B7,A3:A7,A8:A10），按下【Enter】键，则可以看到预测的 2021—2023 年的利润额显示在相应的单元格中（见图 7-3）。

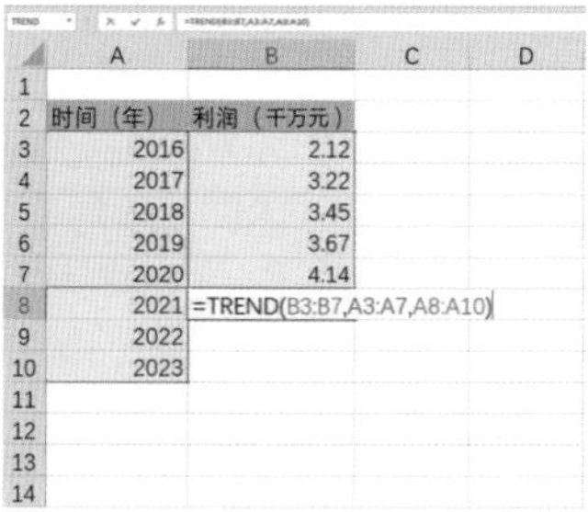

图 7-2　TREND 函数表达式

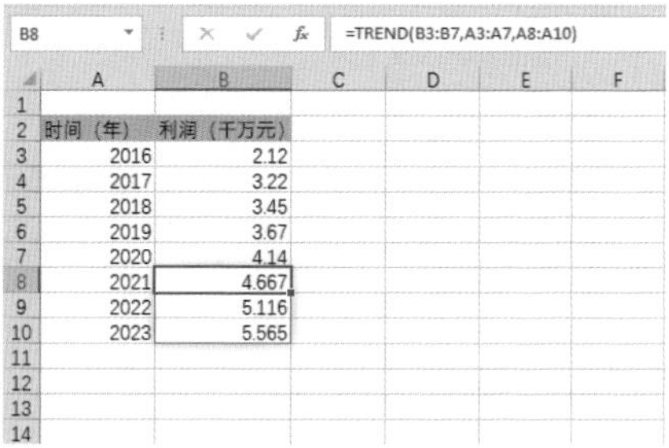

图 7-3　预测结果

该预测结果是通过构建线性回归方程所计算出的结果。

2. 利用折线图趋势线预测数据

除了使用 TREND 函数，我们还可以利用折线图的趋势线功能，以图表的形式更为直观地展现数据的未来走势。

选中表格，单击【插入】选项卡【图表】组中的【推荐的图表】命令（见图 7-4）。

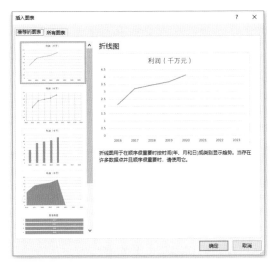

图 7-4　创建图表

在弹出的【插入图表】对话框中，可以根据具体需要选择图表类型，折线图、柱形图、散点图均可添加趋势线，这里选择【折线图】，随后单击【确定】按钮（见图 7-5）。

图 7-5　插入折线图

Excel 工作表中出现了由选中数据生成的折线图，选中图表时，功能区中新增【图表设计】选项卡，在【图表设计】选项卡中找到【图表布局】组，单击【添加图表元素】命令。

在下拉菜单中，选择【趋势线】命令，随后在二级菜单中选择【线性预测】命令（见图7-6）。

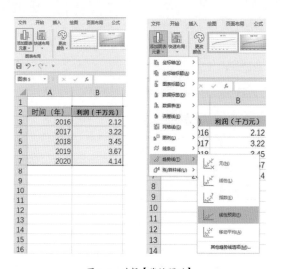

图 7-6　选择【线性预测】

可以看到，在折线图中，出现了用虚线表示的线性预测趋势线（见图7-7）。

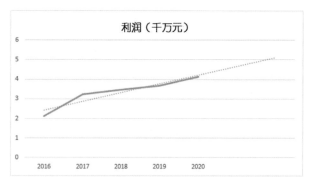

图 7-7　折线图（包含线性预测趋势线）

TREND 函数和趋势线分别从两个不同角度实现对现有数据的预测，在实际工作中，往往将这两种方法结合使用，从多角度、多方面对数据进行预测，使结果更加直观。

7.1.2　对比思维

对比思维是通过对两种相近或相反事物进行对比，寻找事物的异同及其本质与特性。如果说预测思维的主要作用是发现走势，那么对比思维的主要作用就是判断异同与好坏。

在进行数据对比之前，首先需要制定相同的对比标准，例如在同一时间范围、同一行政级别等角度进行对比，只有这样才能保证对比的客观性和可靠性。

常见的对比分析方法，除了最基本的“比大小”，还有“比相同”“比不同”“比变化”等不同的方法。而在“比大小”时，最常见的指标则是数据的环比和同比。环比，表示连续两个统计周期（比如连续两月）内的量的变化比，例如 2 月比 1 月，3 月比 2 月，4 月比 3 月，以此类推。同比，表示历史同期数据的变化比，例如将去年 2 月和今年 2 月的数据进行比较。

同比发展速度主要是为了消除季节变动的影响，用以说明本期发展水平与去年同期发展水平对比而达到的相对发展速度。环比发展速度是本期水平与前一时期水平之比，表明先行时期的发展速度。

在本节中，我们通过一个例子来说明在数据透视表中进行数据的同比和环比。

图 7-8 是某公司的一张销售记录表，我们需要计算销售额的同比和环比，以了解公司销售情况的发展趋势。

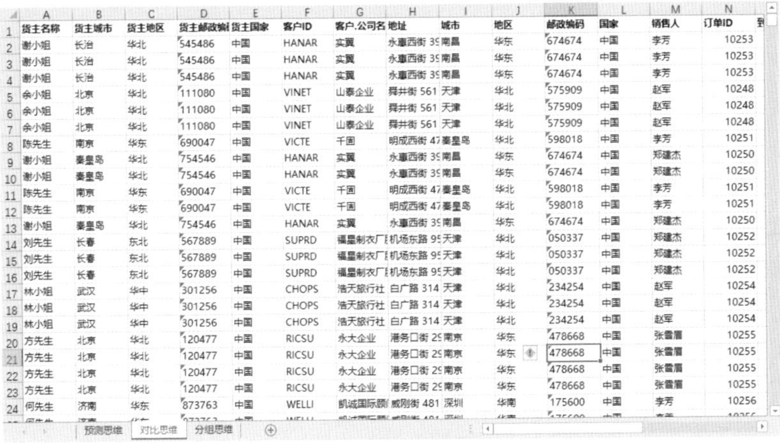

	A	B	C	D	E	F	G	H	I	J	K	L	M	N
1	货主名称	货主城市	货主地区	货主邮政编	货主国家	客户ID	客户.公司名	地址	城市	地区	邮政编码	国家	销售人	订单ID
2	谢小姐	长治	华北	545486	中国	HANAR	实翼	永惠西街 39	南昌	华东	674674	中国	李芳	10253
3	谢小姐	长治	华北	545486	中国	HANAR	实翼	永惠西街 39	南昌	华东	674674	中国	李芳	10253
4	谢小姐	长治	华北	545486	中国	HANAR	实翼	永惠西街 39	南昌	华东	674674	中国	李芳	10253
5	余小姐	北京	华北	111080	中国	VINET	山泰企业	舜井街 561	天津	华北	575909	中国	赵军	10248
6	余小姐	北京	华北	111080	中国	VINET	山泰企业	舜井街 561	天津	华北	575909	中国	赵军	10248
7	余小姐	北京	华北	111080	中国	VINET	山泰企业	舜井街 561	天津	华北	575909	中国	赵军	10248
8	陈先生	南京	华东	690047	中国	VICTE	千固	明成西街 47	秦皇岛	华北	598018	中国	李芳	10251
9	谢小姐	秦皇岛	华北	754546	中国	HANAR	实翼	永惠西街 39	南昌	华东	674674	中国	郑建杰	10250
10	谢小姐	秦皇岛	华北	754546	中国	HANAR	实翼	永惠西街 39	南昌	华东	674674	中国	郑建杰	10250
11	陈先生	南京	华东	690047	中国	VICTE	千固	明成西街 47	秦皇岛	华北	598018	中国	李芳	10251
12	陈先生	南京	华东	690047	中国	VICTE	千固	明成西街 47	秦皇岛	华北	598018	中国	李芳	10251
13	谢小姐	秦皇岛	华北	754546	中国	HANAR	实翼	永惠西街 39	南昌	华东	674674	中国	郑建杰	10250
14	刘先生	长春	东北	567889	中国	SUPRD	福星制衣厂	机场东路 95	天津	华北	050337	中国	郑建杰	10252
15	刘先生	长春	东北	567889	中国	SUPRD	福星制衣厂	机场东路 95	天津	华北	050337	中国	郑建杰	10252
16	刘先生	长春	东北	567889	中国	SUPRD	福星制衣厂	机场东路 95	天津	华北	050337	中国	郑建杰	10252
17	林小姐	武汉	华中	301256	中国	CHOPS	浩天旅行社	白广路 314	天津	华北	234254	中国	赵军	10254
18	林小姐	武汉	华中	301256	中国	CHOPS	浩天旅行社	白广路 314	天津	华北	234254	中国	赵军	10254
19	林小姐	武汉	华中	301256	中国	CHOPS	浩天旅行社	白广路 314	天津	华北	234254	中国	赵军	10254
20	方先生	北京	华北	120477	中国	RICSU	永大企业	港务口街 29	南京	华东	478668	中国	张雪眉	10255
21	方先生	北京	华北	120477	中国	RICSU	永大企业	港务口街 29	南京	华东	478668	中国	张雪眉	10255
22	方先生	北京	华北	120477	中国	RICSU	永大企业	港务口街 29	南京	华东	478668	中国	张雪眉	10255
23	方先生	北京	华北	120477	中国	RICSU	永大企业	港务口街 29	南京	华东	478668	中国	张雪眉	10255
24	何先生	济南	华东	873763	中国	WELLI	凯诚国际顾	威刚街 481	深圳	华南	175600	中国	李芳	10256

图 7-8　销售记录表

选中表格数据，单击【插入】选项卡中的【数据透视表—表格和区域】命令，弹出【来自表格或区域的数据透视表】对话框，设置相应选项，创建数据透视表（见图 7-9）。

图 7-9　创建数据透视表

在数据透视表中，将【到货日期】字段添加到【行】，为数据创建组。在行标签下的单元格上单击鼠标右键，在弹出的快捷菜单中选择【组合】命令，弹出【组合】对话框，步长选择【年】和【月】，单击【确定】按钮（见图 7-10）。

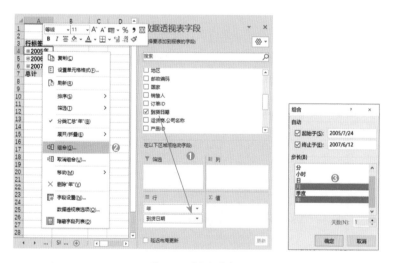

图 7-10　为数据创建组

将【总价】字段拖曳至【值】，共拖曳 3 次，分别用于显示总价、同比和环比，修改数据透视表中相应列的标题（见图 7-11）。

图 7-11　总价 VS 同比 VS 环比

首先计算销售额的同比，选中"同比"列中任一单元格，单击鼠标右键，在弹出的快捷菜单中选择【值显示方式—差异百分比】命令（见图 7-12）。

图 7-12　选择【差异百分比】

弹出【值显示方式】对话框，将基本字段设置为【到货日期】，基本项设置为【上一个】，随后单击【确定】按钮（见图 7-13）。

可以看到，在"同比"列中，数据按照同比的方式进行显示。从数据中可以看出，2005 年 9 月比

图 7-13　修改值显示方式（同比）

2005 年 8 月的销售额总价下降了 23.39%，而在 10 月又同比上升了 32.27%（见

图 7-14）。

行标签	求和项:总价	同比	环比
⊟2005年	165339.28		165339.28
7月	1444.8		1444.8
8月	29457.03	1938.83%	29457.03
9月	22566.93	-23.39%	22566.93
10月	29848.4	32.27%	29848.4
11月	36359.42	21.81%	36359.42
12月	45662.7	25.59%	45662.7
⊟2006年	600907.09		600907.09
1月	52122.53		52122.53
2月	49244.56	-5.52%	49244.56
3月	38264.07	-22.30%	38264.07
4月	43774.01	14.40%	43774.01
5月	57390.71	31.11%	57390.71
6月	49471.52	-13.80%	49471.52
7月	38280.37	-22.62%	38280.37
8月	46683.65	21.95%	46683.65
9月	49801.31	6.68%	49801.31
10月	65065.89	30.65%	65065.89
11月	49021.73	-24.66%	49021.73
12月	61786.74	26.04%	61786.74
⊟2007年	499597.21		499597.21

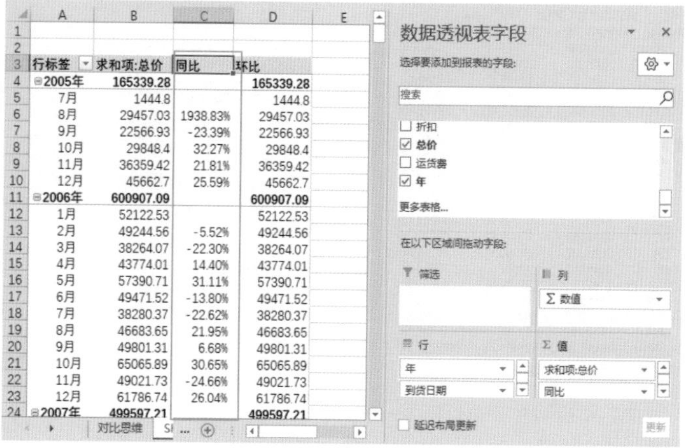

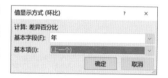

图 7-14　数据结果展示

随后计算销售额的环比。计算环比的操作步骤和计算同比类似，只是在【值显示方式】对话框中，将基本字段设置为【年】，基本项设置为【上一个】，随后单击【确定】按钮（见图 7-15）。

图 7-15　修改值显示方式（环比）

可以看到，在“环比”列中，数据按照环比的形式进行显示。从数据中可以看出，2006 年的销售额总价是 2005 年的销售额总价的 3 倍多（环比增加了 263.44%）（见图 7-16）。

行标签	求和项:总价	同比	环比
⊟2005年	165339.28		
7月	1444.8		
8月	29457.03	1938.83%	
9月	22566.93	-23.39%	
10月	29848.4	32.27%	
11月	36359.42	21.81%	
12月	45662.7	25.59%	
⊟2006年	600907.09		263.44%
1月	52122.53		
2月	49244.56	-5.52%	
3月	38264.07	-22.30%	
4月	43774.01	14.40%	
5月	57390.71	31.11%	
6月	49471.52	-13.80%	
7月	38280.37	-22.62%	2549.53%
8月	46683.65	21.95%	58.48%
9月	49801.31	6.68%	120.68%
10月	65065.89	30.65%	117.99%
11月	49021.73	-24.66%	34.83%
12月	61786.74	26.04%	35.31%

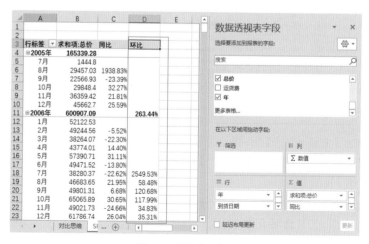

图 7-16　数据结果展示

7.1.3 分组思维

分组也被称为分类，是根据数据的特点，将数据对象划分为不同类型和部分，再进一步进行分析，以便挖掘同一类事物的本质的一种方法和思维。

根据指标的性质，分组方法可以分为属性指标分组和数量指标分组。属性指标分组，是指按照事物或数据的属性进行分组，如按照性别、国籍、城市、学校、专业等属性进行分组。数量指标分组，是指选择数量指标作为分组依据，将数据总体划分为若干个性质不同的部分，分析数据的分布特征和内部联系。

无论是哪种数据分组方法，第一步都是确定的，那就是要确定分组依据。在对数据进行划分时，必须确保分组的维度相同，这样才能保证数据分析的客观性和科学性。

在 Excel 中，利用数据透视表可以实现数据的分组操作，接下来以一个简单的例子进行说明。

如图 7-17 所示，这是一张学生成绩表，我们可以通过对成绩分组的方式，让分数显示更加直观、更利于分析。

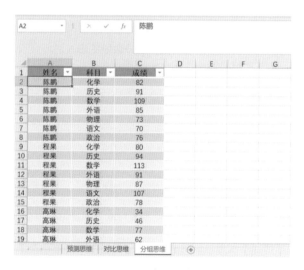

图 7-17　学生成绩表

首先，创建数据透视表，步骤与 7.1.2 节所述相同。

然后，在数据透视表中，将【成绩】字段添加至【行】，可以看到数据显示十分离散，不利于统计各分数段人数（见图 7-18）。

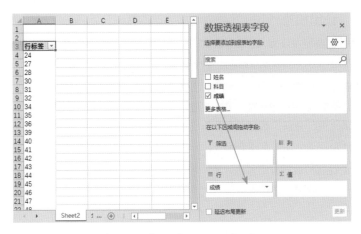

图 7-18 将【成绩】字段添加至【行】后

接下来，选中 A 列数据，单击鼠标右键，在弹出的快捷菜单中选择【组合】命令，对数据进行分组。在弹出的【组合】对话框中，将分数段的起始值设置为【60】，终止值设置为【100】，步长设置为【10】，随后单击【确定】按钮（见图 7-19）。

分组后的成绩如图 7-20 所示，数据以分数段的形式进行显示。这样的显示方式便于统计每个分数段的人数分布，使数据更加直观。

图 7-19 【组合】对话框　图 7-20 数据以分数段形式显示

最后，将【成绩】字段添加至【值】，【科目】字段添加至【筛选】，随后修改行标签。

经过以上操作，就可以通过筛选器查看不同科目各分数段的人数（见图 7-21）。

图 7-21 不同科目各分数段人数

例如, 将科目设置成"语文", 可以看到 60~69 分、70~79 分、大于 100 分的人数均为 3 人, 90~100 分的人数最多, 有 6 人 (见图 7-22)。

图 7-22 语文科目不同分段人数

7.1.4 交叉思维

数据分析中常用的交叉方法为两项交叉分析法, 它是指建立在纵向分析法和横向分析法的基础上的, 从数据交叉的点出发, 进行数据分析的方法。有时, 单一的维度可能并不特别适合进行分析, 这时就需要将不同维度进行交叉, 从多个维度进行分析。

在这里, 我们利用 7.1.3 节中的销售数据来演示多维度的交叉分析。

首先, 还是为工作表创建数据透视表。

然后, 在数据透视表中, 分别把【地区】字段、【销售人】字段添加至【行】, 把【总价】字段添加至【值】, 把【运货商】字段添加至【列】, 形成多维度的数据透视表 (见图 7-23)。

在这样一张数据透视表中, 我们就可以直观地看出每一位销售人在不同地区使用不同运货商所产生的销售额总价。在这里使用了 3 个不同的维度进行交叉分析, 还可以根据不同的情况选择不同的字段进行交叉, 得到想要的结果。

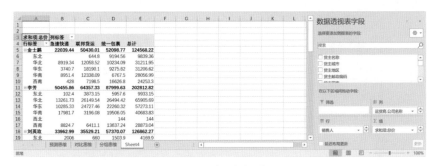

图 7-23　多维度透视表

7.2　假设与概率思维

7.2.1　假设思维

所谓假设思维，就是在没有足够的证据和事实依据来证明某件事的前提下，提出初步的假设推理，随后通过分析验证提出的假设。

关于假设思维，有两个方面需要注意。

第一，所提出的假设推理，必须是基于一定的样本数据、符合正确逻辑思维的假设；

第二，在提出假设后，还需要通过分析来验证所提出假设的正确性。

简单来说，假设思维通常分为以下 3 个步骤。

（1）定义需要解决的问题。

（2）了解事实，根据已知的样本数据，形成初步假设。

（3）通过分析验证假设，得出结论。

Excel 中提供了许多有用的数据分析工具，来帮助我们验证所提出的假设，在这里分别介绍单变量求解和规划求解两种方法。

7.2.2　单变量求解

单变量求解是解决假定一个公式要取的某一结果值，其中变量的引用单元格应取值为多少的问题。

在 Excel 中根据所提供的目标值，将引用单元格的值不断调整，直至达到所需要求的公式的目标值时，变量的值才确定。

接下来，通过一个简单的例子来展示单变量求解的具体步骤。

某公司在每月发放工资时，直接把税后工资存入公司职员在银行开立的银行卡账户内，公司职员都只能知道自己的税后工资，而不知道自己的税前工资收入是多少。现在，某位职员想知道，如果拿到 10000 元税后工资，那自己的税前工资是多少？

在这个问题中，只要知道税收的计算公式，就可以通过单变量求解的方法计算出税前工资。

在这里，我们在 B4 单元格中输入税收的计算公式（假设个人所得税的起征点为 5000 元）=ROUND（MAX((A4-5000)*0.01*{3,10,20,25,30,35,45}-{0,210,1410,2660,4410,7160,15160},0),2)，并把 C4 单元格的值设置为"=A4-B4"（即税前收入减去税收）（见图 7-34）。

图 7-24　税收计算公式

单击【数据】选项卡【预测】组中的【模拟分析】命令，在弹出的下拉菜单中选择【单变量求解】命令（见图 7-25）。

图 7-25　单变量求解

弹出【单变量求解】对话框，将目标单元格设置为【$C$4】，即税后收入；将目标值设为【10000】；将可变单元格设置为【$A$4】，即税前收入，随后单击【确定】按钮（见图 7-26）。

可以看到，对应单元格中的数值已经发生变化。从图 7-27 中可以看出，如果税后收入想要达到 10000 元，那么税前收入必须达到 10322.22 元。

图 7-26　设置单变量求解数值　　　　图 7-27　税前收入计算结果

需要注意的是，如果发现目标单元格中的值不是精确值，可以单击【文件—选项】命令，弹出【Excel 选项】对话框，单击【公式】标签，勾选【启用迭代计算】复选框，并修改迭代次数来增加精确程度。Excel 支持的最大迭代次数为 32767次（见图 7-28）。

图 7-28　Excel 支持的最大迭代次数

7.2.3　规划求解

Excel 中的规划求解方法，是根据已知的约束条件求最优化结果，或者可以理解为通过更改变量单元格来确定目标单元格的最大值、最小值或者目标值。

规划求解有以下两个要求。

- 目标单元格必须是有公式的，且这个公式必须与变量相关。

- 必须要有约束条件。

接下来，通过一个简单的例子来展示规划求解的具体步骤。

某会计师事务所承担了 3 家企业的审计任务，要将 3 位审计员分别派去 3 家企业。由于这 3 位审计员的经验与专长不同，他们对这 3 家企业进行审计时所需要的天数各不相同，具体数据如表 7-1 所示。

表 7-1

	企业 1	企业 2	企业 3
审计员 1	10	16	32
审计员 2	14	22	40
审计员 3	22	24	34

现要求找出最佳的人员派出方案，使得所需要的审计天数达到最少。

（1）Excel 界面中并不默认显示【规划求解】功能，需要将其加载出来。

选择【开发工具】选项卡【加载项】组中的【Excel 加载项】命令，弹出【加载项】对话框，勾选【规划求解加载项】复选框，随后单击【确定】按钮（见图 7-29）。

图 7-29　加载"规划求解"功能

（2）添加后的【规划求解】功能在【数据】选项卡的【分析】组中。

在 Excel 中创建两个表格：

第一个表格显示 3 位审计员对这 3 家企业进行审计时所需要的天数；

第二个表格用于显示使天数达到最小值时的派遣情况。同时，在第二个表格的单元格中，利用 SUMPRODUCT 函数计算所需要的天数，公式为 =SUMPRODUCT（B3：D5, B9：D11）（见图 7-30）。

在第二个表格中，我们用二进制 0 和 1 表示审计员被指派的情况，1 代表被派去企业，0 代表没有被派去。由于 1 个审计员只能去 1 个企业，因此每一行、每一列只能有 1 个 1。我们在 E9：E11、B12：D12 单元格区域中分别建立求和项，求和的对象为相应的行、列（见图 7-31）。

图 7-30　利用 SUMPRODUCT 函数计算所需要的天数 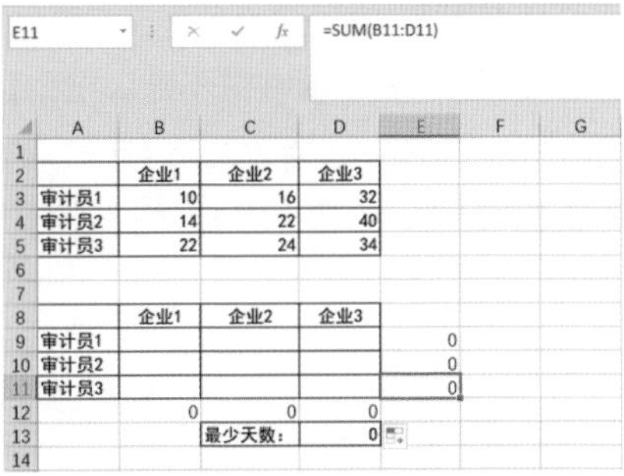　　图 7-31　分别建立求和项

（3）做好准备工作后，开始进行规划求解。单击【数据】选项卡【分析】组中的【规划求解】命令，弹出【规划求解参数】对话框，单击【设置目标】处右侧按钮，选择 D13 单元格，选择【最小值】单选项，单击【通过更改可变单元格】右侧按钮，选择 B9：D11 单元格区域，随后建立三项约束条件。

- B12：D12 的值为 1。
- 可变单元格中的数值为二进制（bin）形式（见图 7-32）。
- E9：E11 的值为 1。

（4）单击【求解】按钮，可以看到 Excel 已经计算出了最少天数：64 天，要想达到最短天数，需要把审计员 1 派去企业 2，审计员 2 派去企业 1，审计员 3 派去企业 3（见图 7-33）。

图 7-32 规划求解参数设置

图 7-33 规划求解结果

7.2.4 概率思维

概率思维是指利用数学概率的方法去思考分析问题的一种思维。在生活中,大部分的事件都属于不确定性事件,存在着不确定性,只要有不确定性就会有概率。概率可以告诉我们什么情况最可能发生,什么情况最不可能发生,通过计算事件发生的概率,可以帮助我们进行预测,从而影响决策。

生活中的事件可以分为独立事件、相关事件和互斥事件。

独立事件是一个事件的发生及结果对另一个事件的发生与结果不会造成任何影响，两件独立事件同时发生的概率，等于这两件事件发生的概率的乘积，即：

$$P(A 与 B) = P(A) \times P(B)$$

相关事件是指一个事件的发生及结果对另一个事件的发生与结果的影响，相关事件发生的概率，等于事件 A 的概率乘在事件 A 发生的条件下事件 B 发生的概率，即：

$$P(A 与 B) = P(A) \cdot P(B|A)$$

当事件 A 和事件 B 只会发生其中一种时，称为互斥事件，互斥事件的概率相加为 100%。

7.3 数据可视化思维

7.3.1 版式设计

版式设计是指设计人员根据设计主题和视觉需求，在预先设定的有限版面内，运用造型要素和形式原则，根据特定主题与内容的需要，将文字、图片（图形）及色彩等视觉传达信息要素，进行有组织、有目的地组合排列的设计行为与过程。

我们常用 Excel 中的数据透视表和 Power BI 来进行数据的汇总和展示，一份具有良好版式设计的报表能够帮助阅读者抓住重点，快速获取关键信息。掌握版式设计的方法和思维，能够让我们的报表设计更具有美感，从而在工作汇报中脱颖而出，获得领导的青睐。

在 Excel 报表中，常见的版式设计有满屏型、骨骼型和自由型。

满屏型版式以图像充满整个页面，视觉传达直观而强烈。在 Power BI 中，主要将 Power BI 图表配置在图像的四周，给人大方、舒展的感觉，主要用于 Power BI 首页面。

骨骼型版式的原理是将具有重复性与组合性的画面，运用骨骼划分为不同的区域，每个区域具有不同的功能，使得排版具有次序化、条理化、规范化。在数据透视表和 Power BI 中，运用骨骼型版式对数据图表进行规范、理性的划分，能够让整个报表看起来严谨、和谐而理性。骨骼型版式是数据报表中最常见的版式之一。

自由型版式通常以无规律的、随意的编排构成，有活泼、轻快的感觉。

除了掌握版式设计的原理，提升版式设计思维的另一个重要途径就是观摩优秀的排版作品，在欣赏的过程中，尝试分析所运用的方法和原则，将优秀的设计思路不断内化，逐渐形成自己的风格。

图 7-34 所示都是非常优秀的版式设计作品，你能分析出它们分别使用了什么设计思路吗?

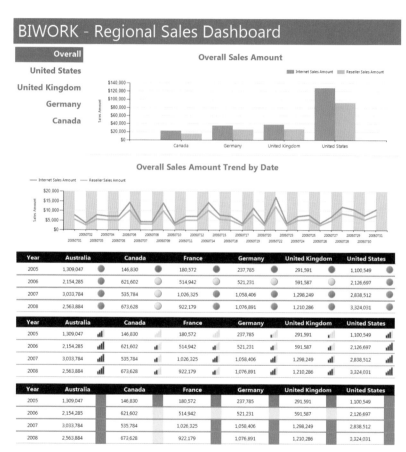

图 7-34　优秀的版式设计作品

7.3.2　排版原则

排版原则，也就是版式设计的基本法则，能够帮助我们对所要展示的信息进行合理的编排。常见的排版原则有以下六方面: 对比、对齐、重复、亲密、留白、降噪。无论是 UI 设计、PPT 设计还是报表设计，这六大原则都被经常提起，可谓版式设计中最重要的原理和法则。掌握这六大原则，能够让我们拓展思路，快速上手版式设计。

1. 对比

无对比，不设计。通过对比，可以突出重点，营造第一视觉，强调我们想要强调的内容。

常见的对比方法有：大小对比、颜色对比、粗细对比等，通过改变图表中的重点字号、字体、颜色等，营造出对比的感觉。

在运用对比原则时，需要适当夸张、明显，从而加强对比的效果（见图7-35）。

图 7-35　对比原则

2. 对齐

没有对齐就没有美感。通过对齐原则，让版面产生秩序美，显得严谨、理性、高级。

在较为严肃的场合进行汇报时，通常需要运用对齐原则来制作规范而简洁的报表。

对齐原则常常与 7.3.1 节中的骨骼型版式搭配使用，值得一提的是，在使用对齐原则时，尽量使用同一种对齐方式，使画面的呈现整齐统一（见图7-36）。

3. 重复

重复原则可以让报表更具一致性，重复的目的是统一，并增强视觉效果，在报表设计中，常常使用一致的字体、排版、配色、图标等来达到效果。

需要注意的是，尽量不要过多使用同一个元素，其他元素应该与之产生反差对比（见图 7-37）。

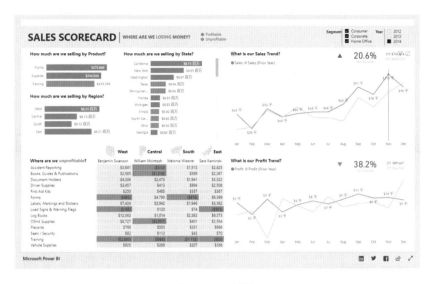

图 7-36　对齐原则

图 7-37　重复原则

4. 亲密

在排版设计中，对象元素应具有关联性，将相近的元素放在一起，使报表产生和谐的观感。

在设计报表时，应特别注意相关内容是否汇聚，无关内容是否分离（见图7-38）。

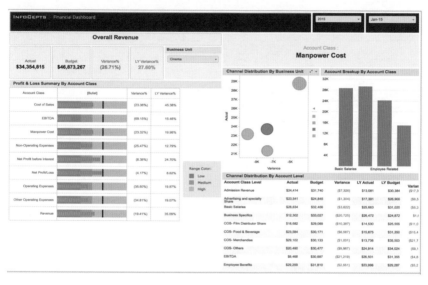

图 7-38　亲密原则

5. 留白

在报表设计中，如果在一张报表中添加过多的内容，则容易让阅读者抓不到重点，阅读起来十分吃力，反而不利于信息的展示与传播。

一张好的报表应该是简约的、留有余地的。

适当的留白能让页面透气，给人舒适感，有想象的空间。留白原则符合画面的美观性原则、整体性原则，同时也符合视觉的规律性（见图7-39）。

6. 降噪

所谓降噪，就是弱化报表中的非重点对象，从而起到突出重点的作用。

常见的降噪手段有：弱化多余文字、颜色；删除多余背景、对象、无用的信息等。

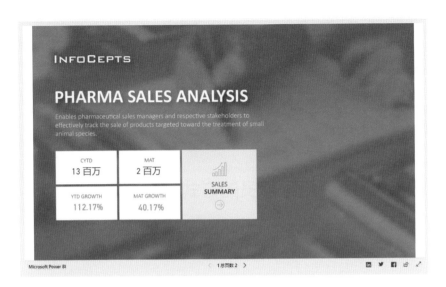

图 7-39　留白原则

第 8 章

宏与 VBA：用程序员的方式打开 Excel

8.1　Excel VBA 语言基础

8.1.1　初识宏：职场达人偷懒必备技能

宏是一种批量处理的称谓，在 Office 中，宏是一系列命令和函数，存储于 Visual Basic 模块中，并且在需要执行该项任务时可以随时运行，它能使日常工作变得更容易。

值得一提的是，宏虽然是基于 Visual Basic 模块的，但是它将代码进行了隐藏，取而代之的是直观的对话框交互形式，对没有掌握 Visual Basic 编程语言规则的用户来说，同样可以使用该功能。

可能看到这里，你还是不知道宏是什么。简单来说，宏能够帮助我们实现自动化办公。

当你在职场需要完成大量重复、枯燥的表格操作时，宏便是帮你提高效率实现秒杀的"杀手锏"。

很多读者会问，我从来没有在 Excel 中使用过宏，似乎也没有对工作造成影响。

诚然，宏作为 Excel 中的隐藏"彩蛋"，使用频率并不高，很多宏操作都能用函数、快捷键实现。

但是试想一下，当你只需要轻轻一点，就能实现同事需要好几步才能实现的功能，你需要做的就是享受同事投来的崇拜目光。

用程序员的方式打开 Excel，让我们开启自动化办公之旅。

需要说明的是，Office 在默认情况下并不显示【开发工具】选项卡，如果之前没有使用过【开发工具】选项卡，需要手动调出。

单击 Excel 工作簿的【文件—选项】命令（如窗格隐藏，需先单击【更多】选项），打开【Excel 选项】对话框，单击左侧的【自定义功能区】标签。

此时可以看到，在右侧【自定义功能区】列表中，【开发工具】选项是没有被勾选的（见图 8-1）。

图 8-1　添加【开发工具】选项卡

勾选【开发工具】复选框，然后单击【确定】按钮。

完成操作后返回 Excel 工作簿界面，发现【开发工具】出现在了主选项卡中。单击【开发工具】选项卡，可以发现其中包含了【代码】、【加载项】、【控件】、【XML】等多个组。

本章主要讲解的宏、VBA 等功能显示在【代码】组中（见图 8-2）。

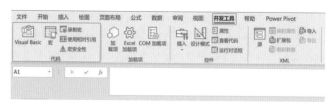

图 8-2　【开发工具】选项卡

8.1.2　录制宏

在 8.1.1 节中提到，宏是一系列命令和函数。

因此，想要用宏实现重复操作，只需要将操作录制为宏，即可使用快捷键重复执行该操作。

1. 注意事项

在【开发工具】选项卡中，有一个【录制宏】命令，该命令自动生成 VBA 代码，能够重现你在应用程序中执行的操作。

在录制宏前，应了解以下几个有关宏的有注意事项。

（1）录制用于在 Excel 的一个区域中执行一组任务的宏时，该宏只对该区域内的单元格运行。因此将额外的行添加到该区域时，该宏不会对新行运行相关流程，只会对区域内的单元格运行。

（2）如果计划录制一个较长的任务流程，请录制多个相对较小的宏，而不是一个较大的宏。

（3）并不是只有 Excel 中的任务才可以录制在宏中。宏过程可以扩展到其他 Office 应用程序，以及支持 Visual Basic Application（VBA）的任何其他应用程序。

2. 实现方法

接下来，用一个简单的例子来说明如何在 Excel 中录制宏。

图 8-3 中显示的 Excel 工作簿的 A2：A10 单元格区域中，分别存放了不同数字格式的 1~9。

图 8-3　不同数字格式的 1~9

在工作中，格式不统一的数据往往会给数据分析和整理工作带来非常大的麻烦。利用宏，我们只需在第一个单元格中将需要统一的格式设置好并录制成为宏，就可以批量修改单元格格式，避免重复操作，提高工作效率。

在这里，我们假设领导需要的标准格式为：宋体 14 号字、加粗倾斜、黄色填充单元格的不含小数点的数字。

下面介绍具体步骤。

（1）单击【开发工具】选项卡【代码】组中的【录制宏】命令。

（2）弹出【录制宏】对话框，可以设置宏名称及快捷键。在这里，将宏名称设置为【统一单元格格式】，快捷键设置为【Ctrl+O】。设置完成后，单击【确定】按钮（见图 8-4）。

❶在【开发工具】选项卡中找到【录制宏】命令

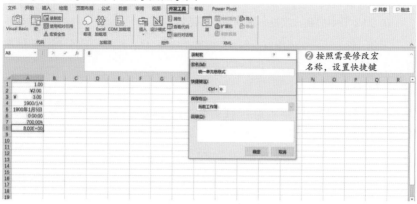

图 8-4 开始录制宏

（3）单击【确定】按钮后，如果看到状态栏中的空心方块，则代表此时已经开始宏的录制。

（4）选中 A2 单元格，单击鼠标右键，在弹出的快捷菜单中选择【设置单元格格式】命令，在弹出的【设置单元格格式】对话框中修改单元格格式。在【数字】标签下设置数值格式（不带小数点的数字），在【字体】标签下设置字体（宋体）、字形（加粗倾斜）、字号（14 号），在【填充】标签下设置背景填充色（黄色），单击【确定】按钮（见图 8-5）。

图 8-5 设置单元格格式

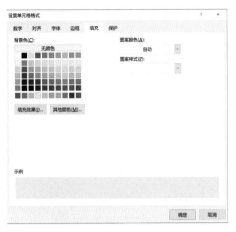

图 8-5　设置单元格格式（续）

（5）此时，A2 单元格格式已经发生了改变，然后单击【开发工具】选项卡中的【停止录制】按钮，完成宏命令的录制。可以单击【开发工具】选项卡中的【停止录制】命令，也可以单击左下角的小方块停止录制宏（见图 8-6）。

图 8-6　停止录制宏

（6）单击【开发工具】选项卡中的【宏】命令，在弹出的【宏】对话框中可以查看已经创建的宏。此时可以看到，刚才创建的【统一单元格格式】宏已经保存于 Excel 中（见图 8-7）。

图 8-7　录制的宏已保存

（7）使用刚才创建的宏命令批量修改单元格，选中要修改的单元格，随后按下快捷键【Ctrl+O】，发现单元格格式自动完成了修改，宏命令操作成功（见图 8-8）。

以上便是在 Excel 中录制宏的例子，相信从这个例子中读者可以感受到宏的强大：只需将重复的操作录制成宏命令，即可利用宏实现批量操作。

图 8-8　单元格格式自动完成修改

可以说，宏命令是 Excel 中处理批量操作的"秒杀"神器。

当你面对数以千万计的数据、更加复杂的操作时，宏命令的优势就会真正显现出来。

小贴士

在了解了如何录制宏后，还有几个要点是你需要了解的。

（1）在录制宏的过程中，不能对已经完成的操作进行修改或是改变操作顺序，如果需要修改，则需要重复执行该动作以覆盖错误的动作，或是重新录制宏。因此，在录制宏之前，需要仔细思考组成宏命令的操作的具体步骤及顺序。

（2）宏命令执行后无法撤销，因此在执行宏命令前也需要进行确认。

（3）录制了宏的 Excel 工作簿，需要将工作簿的保存类型设置为【Excel 启用宏的工作簿（*.xlsm）】，否则无法使用录制好的宏（见图 8-9）。

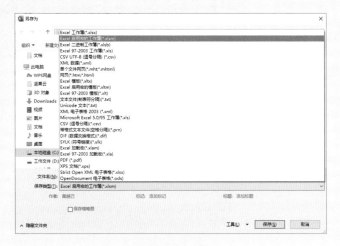

图 8-9　保存类型

8.1.3　初识 VBA：在 Excel 中写代码

宏是基于 Visual Basic 模块的，因此我们可以通过 8.1.2 节中录制的宏来观察 VBA 代码的结构。

单击【开发工具】选项卡中的【宏】命令，在弹出的【宏】对话框中单击右边的【编辑】按钮（见图 8-10）。

图 8-10　【编辑】按钮

在弹出的 VBA 窗口中可以看到具体的代码（见图 8-11）。

图 8-11　查看 VBA 代码

打开的 VBA 窗口左侧是工程资源管理器，右侧是代码窗口。

如果打开时没有左侧的窗口或是不小心关闭了，可以通过 VBA 窗口菜单栏中的【视图—工程资源管理器】命令将其显示（见图 8-12）。

图 8-12　打开【工程资源管理器】

除了工程资源管理器，还有立即窗口、本地窗口、监视窗口等，用户可以根据具体需要进行显示。在 VBA 窗口中可以编写、调试、运行 Visual Basic 代码。

在简单介绍 VBA 窗口之后，我们通过现有的代码来介绍 Visual Basic 代码的结构。

在这里我们不对代码的细节做过多的解释，只是从宏观的角度来介绍 Visual Basic 代码的基本框架。

为了方便讲解，我们为代码编上行序号。

```
[1]Sub 统一单元格格式()
[2]'
[3]' 统一单元格格式 宏
[4]'
[5]' 快捷键：Ctrl+o
[6]'
[7]    Selection.NumberFormatLocal = "0_ "
[8]    With Selection.Font
[9]        .Name = "宋体"
[10]        .FontStyle = "加粗倾斜"
[11]        .Size = 14
[12]        .Strikethrough = False
[13]        .Superscript = False
[14]        .Subscript = False
[15]        .OutlineFont = False
[16]        .Shadow = False
[17]        .Underline = xlUnderlineStyleNone
[18]        .ThemeColor = xlThemeColorLight1
[19]        .TintAndShade = 0
[20]        .ThemeFont = xlThemeFontNone
[21]    End With
```

```
[22]    With Selection.Interior
[23]        .Pattern = xlSolid
[24]        .PatternColorIndex = xlAutomatic
[25]        .Color = 65535
[26]        .TintAndShade = 0
[27]        .PatternTintAndShade = 0
[28]    End With
[29]End Sub
```

首先来看代码的第1行和最后一行，以及第8行、第21行、第22行、第28行。不难发现，Visual Basic 代码在结构上呈现出对称性，即完成每一个动作后，必须以相应的 End 代码结束该动作。

Visual Basic 严格的对称性既对用户编写的代码提出了要求，也在一定程度上简化了代码编写的难度，在写完 Sub 语句后，按下【Enter】键，VBA 将自动生成 End Sub 语句，但对于 With…End With 语句，仍然需要用户自行补齐结构。

代码中第2行至第6行前加上了一个英文的单引号（'），这是 Visual Basic 中的注释符号，从图 8-13 中可以看出，加上了注释符号的代码，在代码窗口中变为了绿色。

图 8-13　注释符号的代码为绿色

注释符号的作用，就是将这一行代码进行注释，程序在运行时，将跳过被注释的语句。在编写代码时，你可以将重要的提示信息进行注释，以方便其他人或自己之后查看代码。同时，在调试代码时，也可以利用注释功能比较不同的代码所实现的功能。

在这里，我们在录制宏时所命名的宏名称、指定的快捷键，都被 Excel 自动生成了注释代码。

最后，再次强调：宏是一系列命令和函数，存储于 Visual Basic 模块中。

在 VBA 中，提出了"过程"的概念。VBA 中的过程就是完成某个给定任务的代码的有序组合，类似一个有目的的行为，一个完整的行为就是一个过程。

在某种程度上，我们可以简单地将过程和宏画等号（注意，这种说法并不准确，只是为了方便理解）。

VBA 过程分为 Subroutine（子程序）过程和 Function（函数）过程，都可以实现获取参数、执行一系列语句等功能。其中，子程序过程用关键词 Sub 进行创建，也就是代码中的第一行。Sub 过程的声明格式如下。

```
Sub 过程名 ()
……
End Sub
```

关于具体功能实现的代码（第 7 行至第 28 行），在这里不做详细展开，如果想要进一步学习，可以上网查阅相关资料。

不过，通过代码中的部分单词，我们也可以对代码所执行的操作略知一二，第 7 行代码执行的功能是设置数字格式；第 8 行 ~ 第 21 行，执行的功能是设定字体格式；第 22 行 ~ 第 28 行，执行的功能是设定单元格背景格式，都采用了 With…End With 结构。

这是 VBA 所提供的处理对象的有效方法之一（见图 8-14）。

Visual Basic 代码的结构好比代码的"骨架"，而其中代码所实现的具体功能，则好比代码的"血肉"。

本节的重点，在于从宏观上把握 Visual Basic 的"骨架"，在学习过程中要从烦琐的细节中抽离出来，掌握共性的、基础的框架。

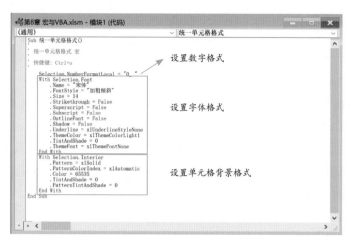

图 8-14　设置数字、字体、单元格背景格式代码

8.2　Excel VBA 实战案例

本节中，我们将通过两个简单的实战案例，来体会 VBA 在实际场景中的强大功能。

在本节中，我们依旧采用录制宏的方法进行讲解，并附上相应的 Visual Basic 代码，不对具体的代码做过多的解释，学有余力的读者可以自行查阅相关资料，并在 VBA 中编写代码实现相应的功能。

8.2.1　利用 VBA 实现高级筛选

还记得在第 3 章学习的高级筛选功能吗？在实际工作场景中，可能需要设置多个筛选条件，高级筛选功能则能够很好地满足我们的需求。

假设你拿到如图 8-15 所示的表格，上面列有两个公司不同部门员工的姓名、性别和年龄，你需要通过公司名称、部门、性别等条件的组合，筛选出符合条件的员工。下面介绍具体步骤。

（1）执行高级筛选需要事先建立好条件区域。根据要求，我们需要建立一个标题为公司名称、部门、性别的条件表格，并建立相应的下拉菜单。在工作表中的空白单元格中依次输入公司名称、部门、性别作为列标题（见图 8-16）。

公司名称	部门	姓名	性别	年龄
A公司	销售部	A	男	24
A公司	销售部	B	女	23
A公司	销售部	C	男	56
A公司	销售部	D	女	36
A公司	财务部	E	男	45
A公司	财务部	F	女	41
A公司	财务部	G	男	42
A公司	财务部	H	男	44
A公司	财务部	I	男	46
A公司	财务部	J	男	48
B公司	财务部	K	男	36
B公司	财务部	L	女	37
B公司	销售部	M	男	38
B公司	销售部	N	女	39
B公司	财务部	O	男	40
B公司	销售部	P	女	41
B公司	财务部	Q	女	43
B公司	财务部	R	女	45
B公司	销售部	S	女	47
B公司	销售部	T	女	49

图 8-15 原始表格

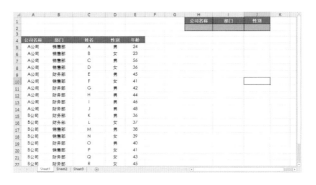

图 8-16 建立条件表格

（2）选中 H2 单元格，单击【数据】选项卡中的【数据验证】命令（见图 8-17）。

图 8-17 单击【数据验证】命令

（3）弹出【数据验证】对话框，将有效性条件下的允许设置为【序列】，在来源中输入【A 公司 ,B 公司】，注意需要用英文输入法下的逗号进行分隔，随后单击【确定】按钮（见图 8-18）。

此时可以看到，H2 单元格的下拉菜单创建完毕，以此类推分别为 I2、J2 单元格创建下拉菜单（见图 8-19）。

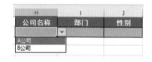

图 8-18　设置数据验证　　　　　图 8-19　创建下拉菜单

（4）创建完下拉菜单后，开始录制宏。单击【开发工具】选项卡中的【录制宏】命令开始录制，将宏名称命名为"高级筛选"，快捷键设置为【Ctrl+N】（见图 8-20）。

图 8-20　录制宏

（5）切换至【数据】选项卡，单击【高级筛选】命令，弹出【高级筛选】

对话框，将列表区域选中为需要筛选的整张表格（包括表标题），将条件区域选中为刚才创建好的 2 行 3 列的条件区域（同样包括表标题）。选择完毕后，单击【确定】按钮（见图 8-21）。

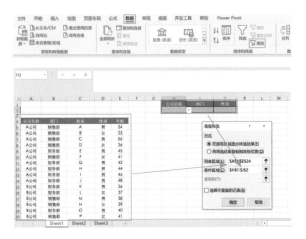

图 8-21　创建"高级筛选"

（6）单击【结束录制】按钮。在 H2：J2 单元格区域中，依次选择"A公司""财务部""男"，代表筛选 A 公司中财务部的男员工，设置好筛选条件后按下快捷键【Ctrl+N】，发现相应的结果被筛选出来，宏功能成功实现（见图 8-22）。

图 8-22　实现宏功能

💡 小贴士

我们也可以使用更加直观的按钮来实现宏功能，在【开发工具】选项卡中单击【插入】命令，在弹出的下拉菜单中选择表单控件中的第一个图标，即可插入按钮（见图 8-23）。

在 Excel 工作表中绘制按钮图标，系统自动弹出【指定宏】对话框，选择我们已经创建好的【高级筛选】宏即可。

将筛选条件设置为"B 公司""销售部""男"，单击【高级筛选】按钮，筛选结果如图 8-24 所示，可以看到，B 公司销售部只有一个男员工 M。

图 8-23　插入按钮

图 8-24　利用按钮进行筛选

另外，筛选完成后想要查看原表格，只需单击【数据】选项卡【排序和筛选】组中的【清除】按钮（见图 8-25）。

图 8-25　清除功能

在这一案例中，使用宏录制与常规方法相比，优势在于：使用常规方法进行高级筛选，每次只能实现一个特定条件的筛选，若想要更换筛选条件，需要重复高级筛选的过程。

而利用宏录制，每次只需更改下拉菜单中的筛选条件，然后使用快捷键或直接单击按钮控件，即可实现高级筛选。

简单来说，宏录制省去了每次进行高级筛选操作时打开【高级筛选】对话框的步骤，节约了时间，提高了工作效率。

最后，附上相应的 Visual Basic 代码。

```
Sub 高级筛选()
'
'高级筛选 宏
'
'快捷键: Ctrl+n
'
    Application.CutCopyMode = False
    Application.CutCopyMode = False
    Application.CutCopyMode = False
        Range("A4:E24").AdvancedFilter
Action:=xlFilterInPlace, CriteriaRange:= _
        Range("H1:J2"), Unique:=False
    ActiveWindow.SmallScroll Down:=-12
End Sub
```

8.2.2　利用 VBA 实现自动累加

假设你拿到如图 8-26 所示的表格，表中记载了公司各项费用的种类，以及过去几个月的累计支出。

现在需要你统计本月各项的支出，然后将其累加到累计支出中。同时，还要实现自动清零本月支出的功能。你会怎么做呢？

没错，要实现这一要求需要利用到第 3 章中所学过的【选择性粘贴】操作，接下来，我们就用宏录制让 Excel自动实现这一要求。

费用项目	本月	累计
工资		300
福利费		2000
职工教育经费		3000
装卸费		4000
差旅费		25000
汽车费		1000
保险费		200
广告费		100000
修理费		360
低值易耗品		400
劳动保护费		300
培训费		100
招待费		450

图 8-26　表格

需要注意的是，这一要求中包含了两个具体的操作，即自动累加和自动清零，因此我们需要分别录制两个宏。

1. 录制宏实现自动累加功能

（1）单击【开发工具】选项卡中的【录制宏】命令，弹出【录制宏】对话框，在【录制宏】对话框中设置好宏的相关信息，然后单击【确定】按钮。在这里，将宏命名为【自动累加】，不设置快捷键，而是采用按钮控件的方式执行宏（见图 8-27）。

图 8-27　录制宏

（2）选中表格中第二列的空白单元格后，单击鼠标右键，在弹出的快捷菜单中选择【复制】命令；然后选中表格第三列对应的单元格，单击鼠标右键，在弹出的快捷菜单中选择【选择性粘贴】命令。

（3）弹出【选择性粘贴】对话框，选择运算中的【加】单选项，随后单击【确定】按钮（见图 8-28）。

完成以上操作后，结束宏录制。

在 Excel 工作表中插入按钮控件，方法同 8.2.1 节。

为插入的控件指定【自动累加】宏，随后单击【确定】按钮（见图 8-29）。

图 8-28　选择性粘贴

图 8-29　为控件指定【自动累加】宏

2. 录制宏实现自动清零功能

（1）单击【开发工具】选项卡中的【录制宏】命令，弹出【录制宏】对话框，

（2）在【录制宏】对话框中设置好宏的相关信息，然后单击【确定】按钮。在这里，将宏命名为【清零本月数据】，同样采用按钮控件的方式执行宏。

（3）选中表格中第二列的空白单元格后，单击鼠标右键，在弹出的快捷菜单中选择【清除内容】命令，然后单击【停止录制】按钮，结束宏录制。

在 Excel 工作表中插入按钮控件，方法同 8.2.1 节。

为插入的控件指定【清零本月数据】宏，随后单击【确定】按钮。

完成以上两个宏录制操作后，最终 Excel 工作表界面如图 8-30 所示，此时就可以利用宏和按钮控件的组合实现自动累加、自动清零的功能。

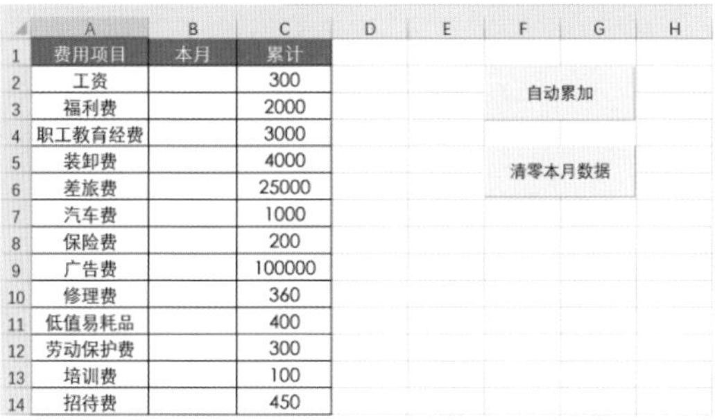

费用项目	本月	累计
工资		300
福利费		2000
职工教育经费		3000
装卸费		4000
差旅费		25000
汽车费		1000
保险费		200
广告费		100000
修理费		360
低值易耗品		400
劳动保护费		300
培训费		100
招待费		450

图 8-30 利用控件和宏实现自动累加、自动清零功能

最后，附上两个宏对应的 Visual Basic 代码。

```
Sub 自动累加 ()
'
' 自动累加 宏
'
    Range("B2:B14").Select
    Selection.Copy
    Range("C2:C14").Select
      Selection.PasteSpecial Paste:=xlPasteAll,
Operation:=xlAdd, SkipBlanks:= _
```

```
        False, Transpose:=False
End Sub


Sub 清零本月数据()
'
' 清零本月数据 宏
'
    Range("B2:B14").Select
    Selection.ClearContents
End Sub
```